云计算关键技术及其应用研究

林 昆 著

中国原子能出版社
China Atomic Energy Press

图书在版编目（CIP）数据

云计算关键技术及其应用研究 / 林昆著. -- 北京：
中国原子能出版社, 2023.12
ISBN 978-7-5221-3134-4

Ⅰ. ①云… Ⅱ. ①林… Ⅲ. ①云计算—研究 Ⅳ.
①TP393.027

中国国家版本馆 CIP 数据核字（2023）第 230000 号

云计算关键技术及其应用研究

出版发行	中国原子能出版社（北京市海淀区阜成路 43 号 100048）	
责任编辑	郭　康	
装帧设计	李　冉	
责任印刷	白雪睿	
印　　刷	三河市悦鑫印务有限公司	
经　　销	全国新华书店	
开　　本	710×1000　1/16	
印　　张	13.25	
字　　数	223 千字	
版　　次	2024 年 5 月第 1 版　2024 年 5 月第 1 次印刷	
书　　号	ISBN 978-7-5581-3134-4	定　价　79.00 元

网址：http//www.aep.com.cn　　　　　E-mail：atomep123@126.com
发行电话：010-6845284　　　　　　　版权所有　侵权必究

前　言

　　近年来随着 IT 业科学技术的飞速发展，云计算已成为时下最受关注的 IT 技术之一，被认为是当前改变世界的十大科技之一，这个既新鲜又神秘的概念吸引着越来越多的人去研究它。云计算技术的运用推动了经济的飞速发展，改变了人类的生活方式，提高了生活质量。进一步推动了移动互联网、云计算、大数据、物联网等与现代制造业相结合，云计算技术已广泛出现在日常的生产及生活之中。

　　在当前数字经济的新常态下，云计算作为一种新兴技术和商业模式，通过近年来在各行业和领域的广泛推广和一系列落地应用，正在成为推动数字经济发展的重要驱动力。本书以云计算支点，首先对云计算的概念、基本架构及商业价值做了简要介绍，接下来从虚拟化技术、分布式技术及云服务技术三个方面对云计算关键技术做了较为全面的阐述，并详细讲解了云计算平台、云计算与数据处理技术应用以及云计算技术在各领域中的应用，最后研究了云计算数据安全保障机制。本书旨在帮助读者快速、全面地掌握云计算的关键技术和相关应用。

　　本书在创作过程中参考了相关领域诸多的著作、论文、教材等，引用了国内外部分文献和相关资料，在此一并对作者表示诚挚的谢意和致敬。由于云计算技术及其应用涉及的范畴比较广，需要探索的层面比较深，作者在撰写的过程中难免会存在一定的不足，对一些相关问题的研究不透彻，提出的相关提升及发展路径也有一定的局限性，恳请前辈、同行以及广大读者斧正。

作　者

2023 年 9 月

目 录

第一章 云计算基础知识

第一节 云计算概述

经过 10 多年的发展，云计算已经成为目前新兴技术产业中最热门的领域之一，也成为各方媒体、企业以及高校讨论的重要主题。一言以蔽之，云计算浪潮已席卷全球。

随着云计算产品、产业基地及政府相关扶持政策的纷纷落地，云计算再也不是"云里雾里"，这种 IT 行业的新模式已逐渐被政府、企业以及个人所熟知，并作为一种新型的服务逐渐渗透进人们的日常生活和生产工作当中。云计算正在深刻地改变人类生活与生产方式。

一、云计算的内涵

近年来，云计算（Cloud Computing）成为 IT 领域最令人关注的话题之一，也是当前大型企业、互联网的 IT 建设正在考虑和投入的重要领域。云计算的兴起，催生了新的技术变革和新的 IT 服务模式。但是对大多数人而言，云计算还是一种不确切的定义。到底什么是云计算？

目前，无论是国外还是国内，云计算都取得了前所未有的发展势头，云计算相关产品与服务遍地开花，服务于各行各业。然而，云计算技术和策略的不断发展以及不同云计算之间的差异性结构，导致云计算到目前仍然没有一个统一的概念，但各方也分别根据自己的理解给出略有差异的云计算的含义。

作为网格计算（Grid Computing）之父，伊安·福斯特对云计算的发展也相当关注。他认为云计算是"一种由规模经济效应驱动的大规模分布式计算模式，可以通过网络向客户提供其所需的计算能力、存储及带宽服务等可动态扩展的资源"。

不同于以往文献中所提出的概念，伊安·福斯特明确指出了云计算作为一种新型的计算模式，与之前的效用计算的不同之处，即其由规模经济效应驱动，也就是说，云计算可以看作效用计算的商业实现。这一说法得到了普遍的引用和赞同，也是第一个被广泛引用的关于云计算的概念。

全球最具权威的 IT 研究与顾问咨询企业 Gartern 将云计算定义为一种计算模式，具有大规模可扩展的 IT 计算能力，可以通过互联网以服务的形式传递给最终客户。

IBM 在白皮书《"智慧的地球"——IBM 云计算 2.0》中阐述了对云计算的理解：云计算是一种计算模式，在这种模式中，应用、数据和 IT 资源以服务的方式通过网络提供给用户使用；云计算也是一种基础架构管理的方法论，大量的计算资源组成 IT 资源池，用于动态创建高度虚拟化的资源以供用户使用。IBM 将云计算看作一个虚拟化的计算机资源池。

思科前大中华区副总裁殷康根据长期经验的积累，给出了一个明确而严格的云计算的定义：云计算是一个基于互联网的虚拟化资源平台，整合了所有的资源，提供规模化 ICT 应用。

相对于 IBM、Amazon 等云计算服务商业巨头企业，Google 的商业就是云计算。因此，Google 一直在不遗余力地推广云计算的概念。Google 前大中华地区总裁李开复博士将整个互联网就比作一朵云，而云计算服务就是以互联网这朵云为中心。在安全可信的标准协议的基础上，云计算为客户提供数据存储、网络计算等服务，并允许客户采用任何方式方便快捷地访问使用相关服务。

目前受到广泛认同，并具有权威性的云计算定义，是由美国国家标准和技术研究院（NIST）提出的："云计算是一种可以通过网络接入虚拟资源池以获取计算资源（如网络、服务器、存储、应用和服务等）的模式，只需要投入较少的管理工作和耗费极少的人为干预就能实现资源的快速获取和释放，且具有随时随地、便利且按需使用等特点。"

综上所述，云计算的核心是可以自我维护和管理的虚拟计算资源，通常是一些大型服务器集群，包括计算服务器、存储服务器和宽带资源等。云计算将计算资源集中起来，并通过专门软件实现自动管理，无需人为参与。用户可以动态申请部分资源，支持各种应用程序的运转，无需为烦琐的细节而烦恼，能够更加专注于自己的业务，有利于提高效率、降低成本和技术创新。

根据这些不同的定义不难发现，无论是专家学者，还是云计算运营商或相关企业，其对云计算的看法基本上还是有一致性的，只是在某些范围的划定上有所区别，这也是由于云计算的表现形式多样所造成的。不同类型的云具有各自不同的特点，要想用一个统一的概念来概括所有种类云计算的特点是比较困难且不太实际的。只有通过描述云计算中比较典型的特点以及商业模式的特殊性才能给出一个较为全面的概念。

二、云计算的特点

作为一种新颖的计算模式，云计算可扩展、有弹性、按需使用等特点都得到了业界和学术界的认可。

美国国家标准和技术研究院提出了云计算的 5 个基本特性：①按需使用的自助服务。客户无需直接接触每个云计算服务的开发商，就可以单方面自主获取其所需的服务器、网络存储、计算能力等资源或根据自身情况进行组合。②广泛的网络访问方式。客户可以使用移动电话、PC、平板电脑或工作站点等各种不同类型的胖/瘦客户端通过网络（主要是互联网）随时随地访问资源池。③资源池。客户无需掌握或了解所提供资源的具体位置，就可以从资源池中按需获得存储以及网络带宽等计算资源，且资源池可以实现动态扩展以及分配。④快速地弹性使用。云计算所提供的计算能力可以被弹性地分配和释放，此外还可以自动地根据需求快速伸缩，也就是说，计算能力的分配常常呈现出无限的状态，并且可以在任何时间分配任何数量。⑤可评测的服务。云计算系统可以根据存储、处理、带宽和活跃用户账号的具体情况进行自动控制，以优化资源配置，同时还可以将这些数据提供给客户，从而实现透明化的服务。

由几大云计算商业巨头 IBM、Sun、VMware、思科等企业共同支持的《开放云计算宣言》（Open Cloud Manifesto），赋予了云计算几个主要的特征：①云计算提供了可动态扩展的计算资源，其具有低成本、高性能的特点。②云计算客户（最终用户、组织或 IT 员工）无需担心基础设施的建设与维护，可以最大限度地使用相关资源。③云计算包含私有性（在某个组织的防火墙内部使用）和公有性（在互联网上使用）两种构架。

国内云计算方面的专家也给出了云计算的七大特性，该观点也受到了国内业界的普遍认可：①超大规模。无论是 IBM、Google、Amazon 等跨国大型企业所提供的云计算，还是国内企业私有云，一般都拥有上百台至上百万台服务器，其规模巨大，同时也为客户提供了前所未有的计算资源和能力。②虚拟化。虚拟化是支撑云计算的最重要的技术基石，使得用户可以在任何地方通过各种终端接入"云"以获取应用服务。③高可靠性。相比本地计算机，云计算采用了数据多副本容错等措施，可靠性更高。④通用性。云计算的架构支持开发出各种各样的应用，且一个云计算可以允许多个应用同时运行与操作。⑤高可扩展性。高扩展性也是云计算服务的一大重要特征，实现云计算资源的动态伸缩，以满足客户的不同等级和规格的需求。⑥按需服务。用户可以像购买公共资源那样从"云"这个庞大的资源池中购买自己所需的应用和资源。⑦极其廉价。云计算的自动化集中式管理省去了企业开发、管理以及维护数据中心的成本和精力，且可以通过动态配置和再配置大幅度提高资源的使用率。

IT 业专家将云计算与网格计算（Grid Computing）、全局计算（Global Computing）以及互联网计算（Internet Computing）等多种计算模式相比，也归纳出云计算的几大特点：①客户界面友好。使用云计算服务的客户无需改变原有的工作习惯和工作环境，只需要在本地安装比较小的云客户端软件即可，不会占用大量电脑空间和花费较大安装成本。云计算的界面也与客户所在的地理位置无关，只要通过诸如 Web 服务框架和互联网浏览器等成熟的界面访问即可，真正实现随时随地、安全放心、快捷方便地享用云计算所提供的服务与资源。②按需配置服务资源。云计算服务是根据客户需求或购买的权限提供相关资源和服务。客户可以根据自身实际的需求选择普通或个性化的计算环境，并获得管理特权。③服务质量保证。云计算为客户提供的计算环境都拥有服务质量保证，客户可以放心使用，不必担心底层基础设施的建设与维护、备份与保存等。④独立系统。云计算是一个独立系统，向客户实行透明化的管理模式。云中软件、硬件和数据都可自动配置、安排和强化，并以单一平台的形象呈现给客户。⑤可扩展性和灵活性。可扩展性和灵活性是云计算最重要的特征，也是云计算区别于其他效用计算的根本特征。云计算服务可以从地理位置、硬件性能、软件配置等多个方面被扩展。云计算服务具有足够的灵活性，可以满足大量客户的不同需求。

三、云计算的分类

云计算是一种通过网络向客户提供服务和资源的新型 IT 模式。通过这种方式，软硬件资源和信息按需要弹性地提供给客户。目前，几乎所有的大型 IT 企业、互联网提供商和电信运营商都涉足云计算产业，提供相关的云计算服务。

按照部署方式分类，云计算包括私有云、公有云、社区云、混合云。

（一）公有云

公有云（Public Cloud）又称为公共云，即传统主流意义上所描述的云计算服务。目前，大多数云计算企业主打的云计算服务就是公有云服务，一般可以通过互联网接入使用。此类云一般是面向一般大众、行业组织、学术机构、政府机构等，由第三方机构负责资源调配。例如，Google APP Engine，IBM Develop Cloud，以及 Windows Azure 都属于公有云服务范畴。公有云的核心属性是共享资源服务。

1. 公有云的优势

（1）灵活性。公有云模式下，用户几乎可以立即配置和部署新的计算资源，用户可以将精力和注意力集中于更值得关注的方面，提高整体商业价值。且在之后的运行中，用户可以更加快捷方便地根据需求变化进行计算资源组合的更改。

（2）可扩展性。当应用程序的使用或数据增长时，用户可以轻松地根据需求进行计算资源的增加。同时，很多公有云服务商提供自动扩展功能，帮助用户自动完成增添计算实例或存储。

（3）高性能。当企业中部分工作任务需要借助高性能计算（HPC）时，企业如果选择在自己的数据中心安装 HPC 系统，那将会是十分昂贵的。而公有云服务商可以轻松部署，且在其数据中心安装最新的应用与程序，为企业提供按需支付使用的服务。

（4）低成本。由于规模原因，公有云数据中心可以取得大部分企业难以企及的经济效益公有云服务商的产品定价通常也处于一个相当低的水平。除了购买成本，通过公有云，用户同样也可以节省其他成本，如员工成本、硬件成本等。

2. 公有云的劣势

（1）安全问题。当企业放弃他们的基础设备并将其数据和信息存储于云端时，很难保证这些数据和信息会得到足够的保护。同时，公有云庞大的规模和涵盖用户的多样性也让其成为黑客们喜欢攻击的目标。

（2）不可预测成本。按使用付费的模式其实是把双刃剑，一方面它确实降低了公有云的使用成本，但另一方面它也会带来一些难以预料的花费。比如，在使用某些特定应用程序时，企业会发现支出相当惊人。

（二）私有云

私有云（Private Cloud）是指仅仅在一个企业或组织范围内部所使用的"云"。使用私有云可以有效地控制其安全性和服务质量等。此类云一般由该企业或第三方机构，或者双方共同运营与管理。例如，支持 SAP 服务的中化云计算和快播私有云就是国内典型的私有云服务。私有云的核心属性是专有资源。

1. 私有云的优势

（1）安全性。通过内部的私有云，企业可以控制其中的任何设备，从而部署任何自己觉得合适的安全措施。

（2）法规遵从。在私有云模式中，企业可以确保其数据存储满足任何相关法律法规。而且，企业能够完全控制安全措施，必要的话可以将数据保留在一个特定的地理区域。

（3）定制化。内部私有云还可以让企业能够精确地选择进行自身程序应用和数据存储的硬件，不过实际上往往由服务商来提供这些服务。

2. 私有云的劣势

（1）总体成本。由于企业购买并管理自己的设备，因此私有云不会像公有云那样节约成本。且在私有云部署时，员工成本和资本费用依然会很高。

（2）管理复杂性。企业建立私有云时，需要自己进行私有云中的配置、部署、监控和设备保护等一系列工作。此外，企业还需要购买和运行用来管理、监控和保护云环境的软件。而在公有云中，这些事务将由服务商来解决。

（3）有限灵活性、扩展性和实用性。私有云的灵活性不高，如果某个项目所需的资源尚不属于目前的私有云，那么获取这些资源并将其增添到云中的工作可能会花费几周甚至几个月的时间。同样，当需要满足更多的需求时，扩展私有云的功能也会比较困难。而实用性则需要由基础设施管理和连续性计划及灾难恢复计划工作的成果决定。

（三）混合云

顾名思义，混合云（Hybrid Cloud）就是将单个或多个私有云和单个或多个公有云结合为一体的云环境。它既拥有公有云的功能，又可以满足客户基于安全和控制原因，对私有云的需求。混合云内部的各种云之间是保持相互独立的，但同样也可以实现各个云之间的数据和应用的相互交换。此类云一般由多个内外部的提供商负责管理与运营。混合云的示例包括运行在荷兰 iTricity 的云计算中心。

混合云的独特之处：混合云集成了公有云强大的计算能力和私有云的安全性等优势，让云平台中的服务通过整合变为更具备灵活性的解决方案。混合云可以同时解决公有云与私有云的不足，比如公有云的安全和可控制问题，私有云的性价比不高、弹性扩展不足的问题等。当用户认为公有云不能够满足企业需求的时候，在公有云环境中可以构建私有云来实现混合云。

（四）社区云

社区云（Community Cloud）是面向于具有共同需求（如隐私、安全和政策等方面）的两个或多个组织内部的"云"，隶属于公有云概念范畴以内。该类云一般由参与组织或第三方组织负责运营与管理。"深圳大学城云计算服务平台"和阿里旗下的 phpwind 云就是典型的社区云，其中前者是国内首家社区云计算服务平台，主要服务于深圳大学城园区内的各高校单位以及教师职工等。

社区云具有以下特点：区域型和行业性；有限的特色应用；资源的高效共享；社区内成员的高度参与性。

第二节　云计算的基本架构

云计算是一种商业计算模型，它将计算任务分布在大量计算机构成的资源池上，使用广能够按需获取计算力、存储空间和信息服务。美国国家标准和技术研究院提出云计算的三个基本框架（服务模式），即：基础设施即服务（Infrastructure as a Service，IaaS）、平台即服务（Platform as a Service，PaaS）、软件即服务（Software as a Service，SaaS）。

一、基础设施即服务

基础设施即服务（IaaS）位于云计算三层架构的最低端，主要负责提供虚拟的服务器、存储、带宽和其他基本的计算资源，用以帮助用户解决计算资源定制的问题。用户可以根据自己的购买权限部署、运行操作系统和应用程序，而不需花时间和精力去管理、维护底层的硬件基础设施。此外，用户也可以根据自身需求去更改部分网络组件。该层通常按照所消耗资源的成本进行收费。

（一）IaaS 的基本功能

虽然不同云服务提供商的基础设施层在所提供的服务上有所差异，但是作为提供底层基础 IT 资源的服务，该层一般都具有以下基本功能。

1. 资源抽象

要搭建基础设施层，我们首先面对的是大规模的硬件资源，比如通过网络相互连接的服务器和存储设备等。为了能够实现高层次的资源管理逻辑，必须对资源进行抽象，也就是对硬件资源进行虚拟化。

虚拟化的过程，一方面需要屏蔽掉硬件产品上的差异，另一方面需要对每种硬件资源提供统一的管理逻辑和接口。值得注意的是，根据基础设施层实现的逻辑不同，同一类型资源的不同虚拟化方法可能存在非常大的差异。目前，存储虚拟化方面的主流技术有 IBM SAN Volume Controller、IBM Tivoli Storage Manager（TSM）、Google File System、Hadoop Distributed FileSystem 和 VMware Virtual Machine File System 等。

另外，根据业务逻辑和基础设施层服务接口的需要，基础设施层资源的抽象往往是具有多个层次的。例如，目前业界提出的资源模型中就出现了虚拟机（Virtual Machine）、集群（Cluster）和云（Cloud）等若干层次分明的资源抽象。资源抽象为上层资源管理逻辑定义了被操作的对象和粒度，是构建基础设施层的基础。如何对不同品牌和型号的物理资源进行抽象，以一个全局统一的资源池的方式进行管理并呈现给客户，是基础设施层必须解决的一个核心问题。

2. 资源监控

资源监控是负载管理的前提，是保证基础设施层高效率工作的一个关键功能。基础设施层对不同类型的资源监控方法是不同的。对于 CPU，通常监控的是 CPU 的使用率；对于内存和其他存储器，除了监控使用率，还会根据需要监控读写操作；对于网络，则需要对网络实时的输入、输出及路由状态进行监控。

基础设施层首先需要根据资源的抽象模型建立一个资源监控模型，用来描述资源监控的内容及其属性。例如，Amazon 的 Cloud Watch 是一个提供给用户来监控 Amazon EC2 实例并负责负载均衡的 Web 服务。该服务定义了一组监控模型，使得用户可以基于模型使用监控工具对 EC2 实例进行实时监测，并在此基础上进行负载均衡决策。同时，资源监控还具有不同的粒度和抽象层次。典型的资源监控是对某个具体的解决方案整体进行监控。一个解决方案往往由多个虚拟资源组成，整体监控结果是对解决方案各个部分监控结果的整合。通过对结果进行分析，用户可以更加直观地监控到资源的使用情况及其对性能的影响，从而采取必要的措施对解决方案进行调整。

3．负载管理

在基础设施层这样大规模的资源集群环境中，任何时刻所有节点的负载都不是均匀的。

如果节点的资源利用率合理，即使它们的负载在一定程度上不均匀，也不会导致严重的问题。可是，当太多节点资源利用率过低或者节点之间负载差异过大时，会造成一系列突出的问题。如果太多节点负载较低，会造成资源上的浪费，就需要基础设施层提供自动化的负载平衡机制将负载进行合并，提高资源使用率并且关闭负载整合后闲置的资源；如果资源利用率差异过大，则会造成有些节点的负载过高，上层服务的性能受到影响，而另外一些节点的负载太低，资源没能充分利用，这时就需要基础设施层的自动化负载平衡机制将负载进行转移，即负载过高节点转移到负载过低节点，从而使得所有资源在整体负载和整体利用率上面趋于平衡。

4．存储管理

在云计算环境中，软件系统经常处理的数据分为很多不同的种类，如结构化的 XML 数据、非结构化的二进制数据及关系型的数据库数据等。不同的基础设计层提供的功能不同，会使得数据管理的实现有着非常大的差异。由于基础设施层由数据中心大规模的服务器集群所组成，甚至由若干不同数据中心的服务器集群组成，因此数据的完整性、可靠性和可管理性是对基础设施层数据管理的基本要求。

具体的要求体现在：①完整性要求关系型数据的状态在任何实践都是

确定的，并且可以通过操作使得数据在正常和异常的情况下都能够恢复到一致的状态，即要求在任何时候数据都能够被正确地读取并且在写操作上进行适当同步。②可靠性要求将数据的损坏和丢失的概率降到最低，即需要对数据进行冗余备份。③可管理性要求数据能够被管理员及上层服务提供者以一种粗粒度和逻辑简单的方式管理，即要求基础设施层内部在数据管理时有充分、可靠的自动化管理流程。对具体云的基础设施层，还有其他一些数据管理方面的要求，比如在数据读取性能上的要求或者数据处理规模的要求，以及如何存储云计算环境中海量的数据等。

5. 资源部署

资源部署指的是通过自动化部署流程将资源交付给上层应用的过程。在应用程序环境构建初期，当所有虚拟化的硬件资源环境都已经准备就绪时，就需要进行初始化过程的资源部署。另外，在应用运行过程中，往往会进行二次甚至多次资源部署，从而满足上层应用对于基础设施层中资源的需求，也就是运行过程中的动态部署。

动态部署有多种应用场景，一个典型的应用场景就是实现基础设施层的动态可伸缩性，即云的应用可以在极短的时间内根据用户需求和服务状况的变化而调整。当用户应用的工作负载过高时，用户可以非常容易地将自己的服务实例从数个扩展到数千个，并自动获得所需要的资源。通常，这种伸缩操作不但要在极短的时间内完成，还要保证操作复杂度不会随着规模的增加而增大。另外一个典型场景是故障恢复和硬件维护。在云计算这样由成千上万服务器组成的大规模分布式系统中，硬件出现故障在所难免，在硬件维护时也需要将应用暂时移走，基础设施层需要能够复制该服务器的数据和运行环境并通过动态资源部署在另外一个节点上建立起相同的环境，从而保证服务从故障中快速恢复过来。

资源部署的方法也会因构建基础设施层所采用技术的不同而有着巨大的差异。使用服务器虚拟化技术构建的基础设施层和未使用这些技术的传统物理环境有很大的差别，前者的资源部署更多是虚拟机的部署和配置过程，而后者的资源部署则涉及从操作系统到上层应用整个软件堆栈的自动化安装相配置。相比之下，采用虚拟化技术的基础设施层资源部署更容易实现。

6. 安全管理

安全管理的目标是保证基础设施资源被合法地访问和使用。在个人电脑上，为了防止恶意程序通过网络访问计算机中的数据或者破坏计算机，一般都会安装防火墙来阻止潜在的威胁。数据中心也设有专用防火墙，甚至通过规划出隔离区来防止恶意程序入侵。云计算需要能够提供可靠的安全防护机制来保证云中的数据是安全的，并提供安全审查机制保证对云中数据的操作都是经过授权的并且是可被追踪的。

云是一个更加开放的环境，用户的程序可以被更容易地放在云中执行，这就意味着恶意代码甚至病毒程序都可以从云内部破坏其他正常的程序。由于程序在运行和使用资源的方式上都和传统的程序有着较大区别，因此如何在云计算环境里更好地控制代码的行为或者识别恶意代码和病毒代码就成为管理员面临的新挑战。同时，在云计算环境中，数据都存储在云中，如何通过安全策略阻止云的管理人员泄露数据也是一个需要着重考虑的问题。

7. 计费管理

云计算倡导按使用量计费的模式。通过监控上层的使用情况，可以计算出在某个时间段内应用所消耗的存储、网络、内存等资源，并根据这些计算结果向用户收费。对于一个需要传输海量数据的任务，通过网络传输可能还不如将数据存储在移动存储设备中，再由快递公司送到目的地更有效。因为大规模数据传输一方面占用大量时间，另一方面消耗大量网络带宽，数据传输费用相当可观。可见，在具体实施的时候，云计算提供商可以采用一些适当的替代方式来保证用户业务的顺利完成，同时降低用户需要支付的费用。

（二）IaaS 的优势

IaaS 服务和传统的企业数据中心相比，在很多方面都存在一定的优势。

1. 低成本

IaaS 服务使用户不需要购置硬件，省去了前期的资金投入；使用 IaaS 服务是按照实际使用量进行收费的，不会产生闲置浪费；IaaS 可以满足突发性需求，用户不需要提前购买服务。

2. 免维护

IT 资源运行在 IaaS 服务中心，用户不需要进行维护，维护工作由云计算服务商承担。

3．灵活迁移

虽然很多 IaaS 服务平台都存在一些私有功能，但是随着云计算技术标准的诞生，IaaS 的跨平台性能得到提高。运行在 IaaS 上的应用将可以灵活地在 IaaS 服务平台间进行迁移，不会被固定在某个企业的数据中心。

4．伸缩性强

IaaS 只需几分钟就可以给用户提供一个新的计算资源，而传统的企业数据中心则需要数天甚至更长时间才能完成，并且 IaaS 可以根据用户需求来调整资源的大小。

5．支持应用广泛

IaaS 主要以虚拟机的形式为用户提供 IT 资源，可以支持各种类型的操作系统。因此，IaaS 所支持应用的范围非常广泛。

（三）主要的 IaaS 产品

最具代表性的 IaaS 产品有 Amazon EC2、IBM Blue Cloud、Cisco UCS 和 Joyent、阿里云等。

1．Amazon EC2

EC2（Elastic Compute Cloud）主要以提供不同规格的计算资源（也就是虚拟机）为主。通过 Amazon 的各种优化和创新，EC2 不论在性能上还是在稳定性上都已经满足企业级的需求。同时，EC2 还提供完善的 API 和 Web 管理界面来方便用户使用。这种 IaaS 产品得到业界广泛认可和接受，其中就包括部分大型企业，比如著名的《纽约时报》。

2．IBM Blue Cloud

即"蓝云"计划，是由 IBM 云计算中心开发的业界第一个同时也是在技术上比较领先的企业级云计算解决方案。该解决方案可以对企业现有的基础架构进行整合，通过虚拟化技术和自动化管理技术来构建企业自己的云计算中心，并实现对企业硬件资源和软件资源的统一管理、统一分配、统一部署、统一监控和统一备份，也打破了应用对资源的独占，从而帮助企业能享受到云计算所带来的诸多优越性。

3．Cisco UCS

它是下一代数据中心平台，在一个紧密结合的系统中整合了计算、网络、存储与虚拟化功能。该系统包含一个低延时、无丢包和支持万兆以太网的统一网络阵列以及多台企业级 x86 架构刀片服务器等设备，并在一个统一的管理域中管理所有资源。用户可以通过在 UCS 上安装 VMWare vSphere 来支撑多达几千台虚拟机的运行。通过 Cisco UCS，能够让企业快速在本地数据中心搭建基于虚拟化技术的云环境。

4. Joyent

它提供基于 Open Solaris 技术的 IaaS 服务，其 IaaS 服务中最核心的是 Joyent SmartMachine。与大多数 IaaS 服务不同的是，它并不是将底层硬件按照预计的额度直接分配给虚拟机，而是维护了一个大的资源池，让虚拟机上层的应用直接调用资源，并且这个资源池也有公平调度的功能。这样做的好处是优化资源的调配，并且易于应对流量突发情况，同时使用人员也无需过多关注操作系统级管理和运维。

5. 阿里云

作为国内市场最大的 IaaS 提供商，阿里云计算基础服务功能主要包括弹性计算功能、数据库产品、存储与 CDN 服务、分析、云通信、网络、管理与监控产品、应用服务、互联网中间件、移动服务、视频服务等 11 大模块。阿里云自助掌控核心技术，拥有业界最为完善的云产品体系，并经历了大规模案例的实证。企业可以根据自身的业务需求来购买相应的功能，从而形成一个符合发展战略的产品组合。目前，阿里云已经在全球主要互联网市场形成云计算基础设施覆盖。

二、平台即服务

平台即服务（PaaS）位于云计算三层服架构的最中间，主要是为用户提供一个基于互联网的应用开发环境（或平台），以支持应用从创建到运行整个生命周期所需的各种软硬件资源和工具。在 PaaS 层面，服务提供商提供的是经过封装的 IT 能力，或者说是一些逻辑的资源，比如数据库、文件系统和应用运行环境等。用户可以在该云平台中开发和部署新的应用程序，但应用程序的开发和部署必须要遵守该平台的规定和限制，如编程语言、编程框架等，通常按照用户或登录情况计费。

（一）PaaS 的核心功能

云计算平台层与传统的应用平台在所提供的服务方面有很多相似之处。

传统的应用平台，如本地 Java 环境或 Net 环境都定义了平台的各项服务标准、元数据标准、应用模型标准等规范，并为遵循这些规范的应用提供了部署、运行和卸载等一系列流程的生命周期管理。云计算平台层是对传统应用平台在理论与实践上的一次升级，这种升级给应用的开发、运行和运营各个方面都带来了变革。平台层需要具备一系列特定的基本功能，才能满足这些变革的需求。

1. 开发测试环境

平台层对于在其上运行的应用来说，首先扮演的是开发平台的角色。一个开发平台需要清晰地定义应用模型，具备一套应用编程接口（API）代码库，提供必要的开发测试环境。

一个完备的应用模型包括开发应用的编程语言、应用的元数据模型以及应用的打包发布格式。一般情况下，平台基于对传统应用平台的扩展而构建，因此应用可以使用流行的编程语言进行开发，如 Google App Engine 目前支持 Python 和 Java 这两种编程语言。即使平台层具有特殊的实现架构，开发语言也应该在语法上与现有编程语言尽量相似，从而缩短开发人员的学习时间，如 Salesforce.com 使用的是自有编程语言 Apex，该语言在语法和符号表示上与 Java 类似。元数据在应用与平台层之间起着重要的接口作用，比如平台层在部署应用的时候需要根据应用的元数据对其进行配置，在应用运行时也会根据元数据中的记录为应用绑定平台层服务。应用的打包格式需要指定应用的源代码、可执行文件和其他不同格式的资源文件应该以何种方式进行组织，以及这些组织好的文件如何整合成一个文件包，从而以统一的方式发布到平台层。

平台层所提供的代码库及其 API 对于应用的开发至关重要。代码库是平台层为在其上开发应用而提供的统一服务，如界面绘制、消息机制等。定义清晰、功能丰富的代码库能够有效地减少重复工作，缩短开发周期。传统的应用平台通常提供自有的代码库，使用了这些代码库的应用只能在此唯一的平台上运行。在云计算平台中，某一云计算提供商的平台层代码库可以包含由其他云计算提供商开发的第三方服务，这样的组合模式对用户的应用开发过程是透明的。假设某云平台提供了自有服务 A 与 B，同时该平台也整合了来自第三方的服务 D。那么，用户看到的是该云平台提供的 A、B 和 D 三种服务程序接口，可以无差异地使用它们。可见，平台层作为一个开发平台应具有更好的开放性，为开发者提供更丰富的代码库和 API。

平台层需要为用户提供应用的开发和测试环境，通常，这样的环境有两种实现方式：①通过网络向软件开发者提供在线的应用开发和测试环境，即一切的开发测试任务都在服务器端完成。这样做的好处是开发人员不需要安装和配置开发软件，但需要平台层提供良好的开发体验，而且要求开发人员所在的网络稳定且有足够的带宽。②提供离线的集成开发环境，为开发人员提供与真实运行环境非常类似的本地测试环境，支持开发人员在本地进行开发与测试。这种离线开发的模式更符合大多数开发人员的经验，也更容易获得良好的开发体验。在开发测试结束以后，开发人员需要将应用上传到云中，让它运行在平台层上。

2. 运行环境

完成开发测试工作以后，开发人员需要做的就是对应用进行部署上线。应用上线首先要将打包好的应用上传到远程的云平台上。然后，云平台通过解析元数据信息对应用进行配置，使应用能够正常访问其所依赖的平台服务。平台层的不同用户之间是完全独立的，不同的开发人员在创建应用的时候不可能对彼此应用的配置及其如何使用平台层进行提前约定，配置冲突可能导致应用不能正常运行。因此，在配置过程中需要加入必要的验证步骤，以避免冲突的发生。配置完成之后，将应用激活即可使其进入运行状态。

以上云应用的部署激活是平台层的基本功能。此外，该层还需要具备更多的高级功能来充分利用基础设施层提供的资源，通过网络交付给客户高性能、安全可靠的应用。为此，平台层与传统的应用运行环境相比，必须具备三个重要的特性：隔离性、可伸缩性和资源的可复用性。

隔离性具有两个方面的含义，即应用间隔离和用户间隔离。应用间隔离是指不同应用之间在运行时不会相互干扰，包括对业务和数据的处理等各个方面。应用间隔离保证应用都运行在一个隔离的工作区内，平台层需要提供安全的管理机制对隔离的工作区进行访问控制。用户间隔离是指同一解决方案中不同用户之间的相互隔离，比如对不同用户的业务数据相互隔离，或者每个用户都可以对解决方案进行自定义配置而不影响其他用户的配置。

可伸缩性是指平台层分配给应用的处理、存储和带宽能够根据工作负载或业务规模的变化而变化，即工作负载或业务规模增大时，平台层分配给应用的处理能力能够加强；当工作负载或者业务规模下降时，平台层分配给应用的处理能力可以相应减弱。比如，当应用需要处理和保存的数据量不断增大时，平台层能够按需增强数据库的存储能力，从而满足应用对数据存储的需求。可伸缩性对于保障应用性能、避免资源浪费都是十分重要的。

资源的可复用性是指平台层能够容纳数量众多的不同应用的通用平台，满足应用的扩展性。当用户应用业务量提高、需要更多的资源时，可以向平台层提出请求，让平台层为其分配更多的资源。当然，这并不是说平台层所拥有的资源是无限的，而是通过统计复用的办法使得资源足够充裕，能够保证应用在不同负载下可靠运行，用户可以随时按需索取。这就需要平台层所能使用的资源数量本身是充足的，并要求平台层能够高效利用各种资源，对不同应用所占有的资源根据其工作负载变化来进行实时动态的调整。

3. 运维环境

随着业务和客户需求的变化，开发人员往往需要改变现有系统从而产生新的应用版本。云计算环境简化了开发人员对应用的升级任务，因为平台层提供了升级流程自动化向导。为了提供这一功能，云平台要定义出应用的升级补丁模型及一套内部的应用自动化升级流程。当应用需要更新时，开发人员需要按照平台层定义的升级补丁模型制作应用升级补丁，使用平台层提供的应用升级脚本上传升级补丁、提交升级请求。平台层在接收到升级请求后，解析升级补丁并执行自动化的升级过程。应用的升级过程需要考虑两个重要问题：①升级操作的类型对应用可用性的影响，即在升级过程中客户是否还可以使用老版本的应用处理业务。②升级失败时如何恢复，即如何回应升级操作对现有版本应用的影响。

在应用运行过程中，平台层需要对应用进行监控。一方面，用户通常需要实时了解应用的运行状态，比如应用当前的工作负载及是否发生了错误或出现异常状况等。另一方面，平台层需要监控解决方案在某段时间内所消耗的系统资源，不同目的的监控所依赖的技术是不同的。对于应用运行状态的监控，平台层可以直接检测到响应时间、吞吐量和工作负载等实时信息，从而判断应用的运行状态。比如，可以通过网络监控来跟踪不同时间段内应用所处理的请求量，并由此来绘制工作负载变化曲线，根据相应的请求响应时间来评估应用的性能。

对于资源消耗的监控，可以通过调用基础设施层服务来查询应用的资源消耗状态，这是因为平台层为应用分配的资源都是通过基础设施层获得的。比如通过使用基础设施层服务为某应用进行初次存储分配。在运行时，该应用同样通过调用基础设施层服务来存储数据。

这样，基础设施层记录了所有与该应用存储相关的细节，以供平台层查询。

用户所需的应用不可能是一成不变的，市场会随着时间推移不断改变，总会有一些新的应用出现，也会有老的应用被淘汰。因此，平台层需要提供卸载功能帮助用户淘汰过时的应用。平台层除了需要在卸载过程中删除应用程序，还需要合理地处理该应用所产生的业务数据。通常，平台层可以按照用户的需求选择不同的处理策略，如直接删除或备份后删除等。平台层需要明确应用卸载操作对用户业务和数据的影响，在必要的情况下与用户签署书面协议，对卸载操作的功能范围和工作方式作出清楚说明，避免造成业务上的损失和不必要的纠纷。

平台层运维环境应该具备统计计费功能。这个计费功能包括两方面：①根据应用的资源使用情况，对使用了云平台资源的 ISV 计费，这一点前面在基础设施层的资源监控功能中有所提及。②根据应用的访问情况，帮助 ISV 对最终用户进行计费。通常，平台层会提供诸如用户注册登录、ID 管理等平台层服务，通过整合这些服务，ISV 可以便捷地获取最终用户对应用的使用情况，并在这些信息的基础上加入自己的业务逻辑，对最终用户进行细粒度的计费管理。

（二）PaaS 的优势

一般来说，与现有的基于本地的开发和部署环境相比，PaaS 平台主要在下面这六方面有非常大的优势。

1. 友好的开发环境

PaaS 平台通过提供 SDK（Software Development Kit，软件开发工具包）和 IDE（Integrated Development Environment，集成开发环境）等工具来让用户不仅能在本地方便地进行应用的开发和测试，而且能够进行远程部署。

2. 丰富的服务

PaaS 平台会以 API 的形式将各种各样的服务提供给上层的应用。系统软件（比如数据库系统）、通用中间件（比如认证系统，高可靠消息队列系统）、行业中间件（比如 OA 流程，财务管理等）都可以作为服务提供给应用开发者使用。

3. 精细的管理和监控

PaaS 能够提供应用层的管理和监控，能够观察应用运行的情况和具体数值（如吞吐量和响应时间等）来更好地衡量应用的运行状态，还能够通过精确计量应用所消耗的资源进行计费。

4. 伸缩性强

PaaS 平台会自动调整资源来帮助运行于其上的应用更好地应对突发流量。当应用负载突然提升的时候，平台会在很短时间（1 分钟左右）内自动增加相应的资源来分担负载。当负载高峰期过去以后，平台会自动回收多余的资源，避免资源浪费。

5. 多租户（Multi-Tenant）机制

PaaS 平台具备多租户机制，能让一个单独的应用实例为多个组织服务，而且能保持良好的隔离性和安全性。通过这种机制，不仅能更经济地支撑庞大的用户规模，而且能够提供一定的可定制性以满足用户的特殊需求。关于多租户将在之后详细介绍。

6. 整合率和经济性

PaaS 平台的整合率是非常高的，比如 PaaS 的代表 Google App Engine 能在一台服务器上承载成千上万的应用。而普通的 IaaS 平台的整合率最多也不会超过 100，而且普遍在 10 左右，使得 IaaS 的经济性不如 PaaS。

（三）主要的 PaaS 产品

小企业软件工作室非常适合使用 PaaS，通过使用云平台，可以创建世界级的产品，而不需要负担内部生产的开销。目前，PaaS 的主要提供者包括 Force.com、Google App Engine、Windows Azure、Heroku、新浪 SAE 等。

1. Force.com

Force.com 是业界第一个 PaaS 平台，主要通过提供完善的开发环境和强健的基础设施等来帮助企业和第三方供应商交付健壮的、可靠的和可伸缩的在线应用。而且，Force.com 本身是基于 Salesforce 著名的多租户的架构。

2．Google App Engine

Google App Engine 提供 Google 的基础设施来让大家部署应用。它还提供一整套开发工具和 SDK 来加速应用的开发，并提供大量的免费额度来节省用户的开支。

3．Windows Azure Platform

它是微软推出的 PaaS 产品，并运行在微软数据中心的服务器和网络基础设施上，通过公共互联网来对外提供服务，它由具有高扩展性的云操作系统、数据存储网络和相关服务组成。还有，其附带的 Windows Azure SDK（软件开发包）提供了一整套开发、部署和管理 Windows Azure 云服务所需要的工具和 API。

4．Heroku

作为最开始的云平台之一，Heroku 初始是一个用于部署 Ruby On Rails 应用的 PaaS 平台，但后来增加了对 Java、Node.js、Scala、Clojure、Python 以及（未记录在正式文件上）PHP 和 Perl 的支持。2010 年，Heroku 被 Salesforce.com 收购。

5．新浪 SAE

作为国内最早最大的 PaaS 服务平台，Sina App Engine（SAE）选择 Web 开发语言 PHP 作为首选的支持语言，使 Web 开发者可以在 Linux/Mac/Windows 上通过 SVN、SDK 或者 Web 版在线代码编辑器进行开发、部署、调试，并支持团队开发成员协作，不同的角色将对代码、项目拥有不同的权限。SAE 还提供了一系列分布式计算、存储服务供开发者使用，可大大降低开发者的开发成本。

三、软件即服务

软件即服务（SaaS）是最常见的云计算服务，位于云计算三层架构的顶端。软件即服务是将软件服务通过网络（主要是互联网）提供给客户，客户只需通过浏览器或其他符合要求的设备接入使用即可。SaaS 所提供的软件服务都是由服务提供商或运营商负责维护和管理，客户根据自身需求进行租用，从而消除了客户购买、构建和维护基础设施和应用程序的过程。SaaS 的概念早已有之，是一种创新的软件应用模式。

（一）SaaS 的特性

与传统软件相比，SaaS 服务依托于软件和互联网，不论从技术角度还是商务角度都拥有与传统软件不同的特性，具体表现在以下方面。

1. 互联网特性

一方面，SaaS 服务通过互联网浏览器或 Web Services/Web 2.0 程序连接的形式为用户提供服务，使得 SaaS 应用具备了典型互联网技术特点；另一方面，由于 SaaS 极大地缩短了用户与 SaaS 提供商之间的时空距离，从而使得 SaaS 服务的营销、交付与传统软件相比有着很大的不同。

2. 多租户特性

SaaS 服务通常基于一套标准软件系统为成百上千的不同租户提供服务。这要求 SaaS 服务能够支持不同租户之间数据和配置的隔离，从而保证每个租户数据的安全与隐私，以及用户对诸如界面、业务逻辑、数据结构等的个性化需求。由于 SaaS 同时支持多个租户，每个租户又有很多用户，这对支撑软件的基础设施平台的性能、稳定性、扩展性提出很大挑战。

3. 服务特性

SaaS 使得软件以互联网为载体的服务形式被客户使用，所以服务合约的签订、服务使用的计量、在线服务质量的保证、服务费用的收取等问题都必须考虑。而这些问题通常是传统软件没有考虑到的。

4. 可扩展特性

可扩展性意味着最大限度地提高系统并发性，更有效地使用系统资源。

5. 可配置特性

SaaS 通过不同的配置满足不同用户的需求，而不需要为每个用户进行定制，以降低定制开发的成本。但是，软件的部署架构没有太大的变化，依然为每个客户独立部署一个运行实例。只是每个运行实例运行的是同一份代码，通过配置的不同来满足不同客户的个性化需求。在 SaaS 模式的使用环境中，一般使用元数据（Metadata）来为其终端用户配置系统的界面以及相关的交互行为。

6．随需应变特性

传统应用程序被封装起来或在外部被主程序控制，无法灵活地满足新的需求。而 SaaS 模式的应用程序则是随需应变的，应用程序的使用将是动态的，提供了集成的、可视化的或自动化的特性。随需应变应用程序帮助客户面对新时代不断的需求变化、残酷的市场竞争、金融压力以及不可预测的威胁及风险等带来更大的挑战。

（二）多租户 SaaS 架构

SaaS 服务本质上是一种技术的进步，这涉及 SaaS 服务所采用的架构。SaaS 服务的架构可以分为三种，分别为：多用户（Multi-user）、多实例（Multi-instance）、多租户（Multi-tenant）。

其中，多租户模式具有较强的软件配置能力，在商业 SaaS 服务中最为常见。

1．多租户架构

首先，需要厘清三个概念，即多用户、单租户、多租户。

多用户，即不同的用户拥有不同的访问权限，但是多个用户共享同一个实例。

单租户，又被称作多实例（Multi-instance），指的是为每个用户单独创建各自的软件应用和支撑环境。通过单租户的模式，每个用户都有一份分别放在独立的服务器上的数据库和操作系统，或者使用强的安全措施进行隔离的虚拟网络环境中。

多租户，也称为多重租赁技术，是一种软件架构技术，它是在探讨与实现如何于多用户的环境下共用相同的系统或程序组件，并且仍可确保各用户间数据的隔离性。

多租户是实现 SaaS 的核心技术之一。通常，应用程序支持多个用户，但是前提是它认为所有用户都来自同一个组织。这种模型适用于未出现 SaaS 的时代，组织会购买一个软件应用程序供自己的成员使用。但是在 SaaS 和云的世界中，许多组织都将使用同一个应用程序；它们必须能够允许自己的用户访问应用程序，但是应用程序只允许每个组织自己的成员访问其组织的数据。从架构层面来说，SaaS 和传统技术的重要区别就是多租户模式。

多租户是决定 SaaS 效率的关键因素。它将多种业务整合到一起，降低了面向单个租户的运营维护成本，实现了 SaaS 应用的规模经济，从而使得整个运维成本大大减少，同时使收益最大化。多租户实现了 SaaS 应用的资源共享，充分利用了硬件、数据库等资源，使服务供应商能够在同一时间内支持多个用户，并在应用后端使用可扩展的方式来支持客户端访问以降低成本。而对用户而言，他们是基于租户隔离的，同时能够根据自身的独特需求实现定制。

在一个多租户的结构下，应用都是运行在同样或者是一组服务器下，这种结构被称为"单实例"架构（Single Instance），单实例多租户。多个租户的数据保存在相同位置，依靠对数据库分区来实现隔离操作。既然用户都在运行相同的应用实例，服务运行在服务供应商的服务器上，用户无法去进行定制化的操作。因此，多租户比较适合通用类需求的客户，即不需要对主线功能进行调整或者重新配置的客户。

2. 多租户的实现方案

多租户就是说多个租户共用一个实例，租户的数据既有隔离又有共享，说到底就是如何解决数据存储的问题。目前，SaaS 多租户在数据存储上存在三种主要的方案，分别是完全隔离、部分共享以及完全共享。下面就分别对这三种方案进行介绍。

（1）完全隔离。每个租户使用单独的数据库。这是第一种方案，即一个租户（Tenant）有一个数据库（Database）。这种方案的用户数振隔离级别最高，安全性最好，但成本也高。

优点：为不同的租户提供独立的数据库，有助于简化数据模型的扩展设计，满足不同程户的独特需求；如果出现故障，恢复数据比较简单。

缺点：增大了数据库的安装数量，随之带来了维护成本和购置成本的增加。

这种方案与传统的一个客户、一套数据、一套部署类似，差别只在于软件统一部署在运营商那里。如果面对的是银行、医院等需要非常高数据隔离级别的租户，可以选择这种模式，提高租用的定价。如果定价较低，产品走低价路线，这种方案一般对运营商来说是无法承受的。

（2）部分共享。共享数据库，但是使用单独的模式。这是第二种方案，即多个或所有租户共享一个数据库，但每个租户都有一个模式（Schema）。

优点：为安全性要求较高的租户提供了一定程度的逻辑数据隔离，并不是完全隔离；每个数据库可以支持更多的租户数量。

缺点：如果出现故障，数据恢复比较困难，因为恢复数据库将牵扯到其他租户的数据。如果需要跨租户统计数据，存在一定困难。

（3）完全共享。使用相同的数据库和相同的模式。这是第三种方案，即租户共享同一个数据库、同一个模式，但在表中通过 tenantID 来区分租户的数据。即每插入一条数据时都需要有一个客户的标识，这样才能在同一张表中区分出不同客户的数据。这是共享程度最高、隔离级别最低的模式。

优点：维护和购置成本最低，允许每个数据库支持的租户数量最多。

缺点：隔离级别最低，安全性最低，需要在设计开发时加大对安全的开发量；数据备份和恢复最困难，需要逐表逐条备份和还原。

如果希望以最少的服务器为最多的租户提供服务，并且租户接受以牺牲隔离级别换取降低成本，这种方案最适合。

（三）主要的 SaaS 产品

SaaS 是一种全新的软件应用模式，它通过互联网提供软件服务，以成本低、部署迅速、定价灵活及满足移动办公而颇受企业欢迎。SaaS 产品种类众多，既有面向普通用户的，也有直接面向企业团体的，用以帮助处理工资单流程、人力资源管理、协作、客户关系管理和业务合作伙伴关系管理等。这里将为读者主要介绍以下几种。

1．Salesforce.com——全球排名第一的 SaaS 应用

Salesforce.com 是 CRM 与云计算领域的领导者。自成立以来，全球已经有超过 150000 家公司选择了 Salesforce.com。Salesforce.com 提供按需定制的软件服务，用户每个月需要支付类似租金的费用来使用网站上的各种服务，这些服务涉及客户关系管理（CRM）的各个方面，从普通的联系人管理、产品目录到订单管理、机会管理、销售管理等。Salesforce.com 所提供的 CRM 解决方案，可以帮助企业简化业务流程并实现自动化，支持公司的每位员工均获得完整的客户视图，支持深入分析并查看主要销售指标和客户指标，并使每位员工均可在保留现有客户的同时集中精力赢得新客户。实践证明，基于 SaaS、无需安装软硬件、在线租用、按需付费的 Salesforce CRM 给客户带来了巨大成功。

2．用友畅捷通——小微企业 SaaS 模式成功应用的典范

畅捷通隶属于中国最大的企业级软件服务公司——用友集团。自成立

以来，畅捷通基于 SaaS 模式，打造财务及管理服务平台，向小微企业提供财务专业化服务及信息化服务，致力于建立"小微企业服务生态体系"。平台服务范畴主要包括以代理记账报税为核心，涵盖审计、社保、工商代理等范畴的专业化服务。平台还为财务人员提供财税知识、培训与交流等咨询服务的会计家园社区；为小型微型企业提供财务及管理云应用服务（易代账、好会计、工作圈、客户管家等）；还面向不同成长阶段的小微企业提供专业的会计核算及进销存等管理软件（T1 系列、T3 系列、T6 系列、T+系列）。该平台的建立在一定程度上改变着中国整个财务服务产业，也提供了基于互联网的全新业务模式。

3. 金蝶云之家——中国领先的移动工作平台

作为国内老牌传统软件商，金蝶软件一直在拥抱 SaaS 和致力于互联网软件的转型升级，为超过 100 万家企业和政府组织提供云管理产品及服务，是中国软件市场的领跑者之一。作为金蝶旗下的重要产品之一，金蝶云之家定位于移动的工作平台，聚焦在"移动优先、工作全连接、平台的生态圈"三大板块，以组织、消息、社交为核心，提供移动办公 SaaS 应用，通过开放平台可连接企业现有业务（ERP），接入众多第三方企业级服务。金蝶云之家是传统管理的互联网化、移动化、社交化，对中小企业成长来说是不可多得的好助手。

4. 八百客——中国在线 CRM 开拓者

八百客作为中国企业云计算、SaaS 市场和技术的领导者，大型企业级客户关系管理提供商，其早期的发展源于对 Salesforce.com 的复制。但八百客本土化优势明显，不断满足中国企业的本土化、规范化、多元化等多种需求。当 Salesforce.com 在中国发展裹足不前时，八百客相继推出了包含 CRM、OA、HR 社交论坛等功能的企业套件，成为成熟的在线 CRM 供应商。目前，八百客注册账户总数量超过 50 万，正式用户超过 10000。其旗下的 800APP 界面简洁，功能强大，有超强的自定制功能，任何时间、任何地点上网即用，能够让销售人员管理好从销售线索、跟进到转化为订单的整个过程，并且可以看到销售的整体状况及每个销售人员的表现，同时还能帮助企业防止撞单、减少客户流失、提高销售成功率。

5. XTools——打造最懂业务的销售管理平台

XTools 作为国内知名的客户关系管理提供商，自成立以来，一直致力于 SaaS 模式，为中小企业提供在线 CRM 产品和服务，帮助企业低成本、高效率地进行客户管理与销售管理。随着应用的深入，XTools 的产品线已十分全面，形成了以 CRM 软件为核心、综合电子账本、来电精灵和销售自动化为辅助的企业管理软件群。之后，XTools 转型移动 CRM，并推出行业极具代表性的移动产品随身行和打天下，为企业用户提供多元化的移动办公服务，并形成"应用＋云服务"的整体 CRM 解决方案。同时，XTools 向中国几千万家中小企业发布"企业维生素"理念，并通过 XTools 系列软件让企业能够真正感受到科学管理思想带来的销售提升。

第三节 云计算的商业价值

云计算作为一种全新的服务模式，改变了传统软硬件等资源的交付和使用方式，成为引领新一代信息技术创新的关键战略性新兴产业。云计算带来的不仅仅是一场技术的变革，也是商业模式的变革。云计算商业模式的变革已不限于 IT 业，已被延伸至 IT 之外的产业，并影响到很多企业的经营思维。毋庸置疑，云计算将是下一代互联网技术的发展方向，云计算将改变传统的商业模式，带来巨大的商业价值。因此，这里将从经济学的角度分析云计算服务，并介绍云计算典型的应用场景，让读者进一步明确云计算的商业价值。

一、云计算的经济学分析

云计算作为一种新兴的共享基础架构的方法，是对包括网格计算在内的计算模式的集成和发展。全球第二大市场研究机构 Markets and Markets 调查显示，2023 年全球云计算市场的规模将达到 6233 亿美元。在这种背景下，对云计算的经济学分析显得尤为重要。

（一）按使用量付费的意义

目前，云计算服务的收费非常灵活，用户按照月或年或使用量来付费。

按使用量付费（Pay Per Use）是服务供应商最常用的定价模式。根据按使用量付费的原则，用户只需要对自己所使用的资源付费。在这种定价模式中，用户需要为使用的单位服务支付固定的价格，一般是按每小时、千兆字节或是每小时 CPU 等计算。目前大部分的云计算供应商都采用这种定价方式，如在 Amazon 的某些云服务中，用户只需要支付自己使用的资源，不存在任何最低消费。

根据伯克利大学的一篇技术报告分析，Amazon 的按使用量付费的价格比购买类似服务器更贵，但是相比于成本支出，云计算的按需服务（即弹性）和按使用量付费模式更为重要。这是因为云计算的弹性和按使用量付费的模式准确地描述了云计算服务用户所能看到的经济方面的好处：云计算将"资本支出"转变成为"经营费用"。以 Amazon 的云计算服务为例，用户使用 Amazon 的云计算服务，3 年租用一台服务器的钱比购买一台服务器（假设每台服务器的使用期限是 3 年）的价钱还要贵，但是在考虑到云计算在弹性计算和转嫁风险方面的经济优势后，按需服务、按使用量付费的云计算服务架构还是非常值得用户选择的。同时，云计算还能够很好地应对市场变化的需求，提高资源利用率，改变机器忙闲不均的使用状况。

云计算能够随意在一个服务器上增加或移除资源，只需要几分钟就可以搜寻到匹配的资源，因此能更好地按需分配资源，而传统方式则需要几个星期的时间才能完成。在一般数据中心，服务器的真实利用率为 5%～20%。但是考虑到大多数业务系统的峰值工作量比平均值工作量要高 2～10 倍，就比较能够容易理解数据中心的服务器利用率低的问题了。大多数数据中心都会按照峰值准备资源，以便能够应付高峰期，但是在资源使用的非高峰期，服务器难免闲置。峰值越高，浪费越多。下面将给出一个简单的例子来说明，相对于购买，选用弹性方式可以减少浪费，且可以弥补按使用量付费带来的潜在高成本。

假设某企业的服务器有一个可预见的日常需求：白天的峰值是 500 台服务器，而晚间的峰值是 100 台服务器。如果一天中每个时段的平均使用量是 300 台服务器，则一天服务器总的实际使用量是 300×24＝7200 台，但是如果必须一直提供峰值时刻需要的 500 台服务器，则我们需要 500×24＝12000 台服务器，是实际所需服务器数的 1.6 倍。

事实上，上面的例子还是低估了按使用量付费的益处。因为最普通的服务也会经历季节性或周期性需求变化（例如，电子商务的峰值在 11～12 月），一些意想不到的需求（如新闻事件）也可能导致峰值。传统数据中心因为需要几周才能完成新装备的申请和安装，所以唯一的办法就是提前预备资源设备以便应付峰值。不过即使峰值预测正确，也会存在浪费。如果他们高估了峰值，则浪费更多。而如果低估了需求的峰值，部分客户在峰值时没有得到服务，则会使网站访问速度大幅下降，甚至无法访问，从而导致客户流失。

所以，无论对大型企业还是中小企业，云计算的弹性和按使用量付费模式都是有价值的。没有使用资源的情况下，因为资源闲置，单位时间内成本更高；过高估计峰值，将会导致同样状况；而在低估峰值的情况下，资源配置不足，流失客户，也导致成本上升：由于一部分用户永久离开，但是固定费用保持不变，所以费用只能摊销在较少的用户身上。

（二）迁移到云平台的经济分析

云计算在短短的几年时间里逐渐被人们所接受，并得到了迅猛的发展。"金融云""农业云""物联网云"等不断涌现，像 Amazon、IBM、阿里巴巴等企业也纷纷搭建起了云计算平台，使得云计算成为实实在在的系统，让用户体验到具体的价值。

为了推进云计算的快速发展，相关支持政策也陆续出台。近年，工信部印发了《推动企业上云实施指南》，指导和促进企业运用云计算加快数字化、网络化、智能化转型升级，同时多地政府也采用财政补贴的形式支持企业上云。但传统行业企业、中小企业对数字化改造能够带来的巨大价值认识不足，大部分企业仍处于观望阶段。为此，这里将具体分析迁移到云平台的经济价值。

1.基础价值

（1）传统数据中心中的每个资源不能单独付费。大多数应用程序所使用的计算能力、存储和网络带宽是不同的：有些应用主要使用 CPU，有些应用主要使用网络资源等，且可能出现一个资源不够用，而另一个资源没能得到充分使用的情况。按使用量付费的云计算则可以按照各种资源的使用量单独付费，从而降低了资源浪费。虽然各应用确切的节约数量不同，但假定一个应用只能利用 50% 的 CPU 计算能力，还是必须要支付 100% 的 CPU 成本才能运行这个应用。因此，不是 2.56 美元租用一个价值 1 美元的 CPU 资源，其更精确的表述应该是用 2.56 美元租用了价值 2 美元的 CPU 资源。

（2）电力、制冷和场地的成本。在上述分析中，缺少了电力、制冷以及场地的摊销成本。据粗略估计，均摊这些成本之后，CPU、存储和带宽的费用会翻倍。根据这个估计的结果，在 2008 年购买 128 小时的 CPU 其实要花费 2 美元，不是 1 美元，而在 EC2 上要 2.56 美元。同样，10GB 的磁盘空间成本为 2 美元，不是 1 美元，而 S3 的成本为 1.20 ~ 1.50 美元。最后，S3 为了可用性和性能，至少需要将数据复制 3 次。这意味着在数据中心要达到同样水平的可用性，成本则要达到 6 美元，而在 S3 上购买的费用是 1.2 ~ 1.5 美元，不到自购的 1/4。

（3）数据中心的运营成本。一般企业的数据中心都会配备一定规模的运维人员，包括服务器、网络和软件相关的技术人员，以便确保 IT 系统的正常运营。而当托管在云计算平台时，这些运维工作大部分由云计算供应商来负责，如软件的部署、升级和打补丁等工作可以自动化完成，从而使得运营成本大大降低。

云计算透过新形态的 IT 资源使用模式，使用同样的物理资源做更多的事情，成本更低，效率更高，而且有更加便捷的客户体验。但这些只是非常基础层面的价值，云计算更大的价值在于利用这种全新的 IT 形态所带来的业务创新机会。

2. 商业价值

云计算因为自身的经济模式属性，彻底改变了传统的商业模式和业务模式，同时也带来了不同以往的商业价值。

（1）云计算带来规模效应。网格之父伊安·福斯特曾说过："云计算是一种由规模经济效应驱动的大规模分布式计算模式，可以通过网络向客户提供其所需的计算能力、存储及带宽服务等可动态扩展的资源。"

这里介绍的规模效应主要分为两方面，即服务器的规模和网络效应：①服务器的规模。根据 James Hamilton 的数据，拥有 50000 个服务器的特大型数据中心与拥有 1000 个服务器的中型数据中心相比，特大型数据中心的网络和存储成本只相当于中型数据中心的 1/5 到 1/7，而每个管理员能够管理的服务器数量则扩大到 7 倍之多。因此，对于规模通常达到几十万乃至上百万台计算机的 Google 和 Amazon 云计算而言，其网络、存储和管理成本较之中型数据中心至少可以降低 80% ~ 85%。②网络效应。打电话的人越多，意味着电话的网络价值越大。这点还适用于互联网上提供的云计算服务，使用的人越多，价值也就越大。Google 有数以百万计的服务器，但 Google 的固定资产不仅仅是这些服务器，而是网络效应。Google 的搜索结果每天都在根据每个搜索者的搜索结果进行修正，如果说 Google 提供的搜索结果准确率高，那是因为每一个使用者都在为此做出贡献。此外，还有 Amazon 的云计算服务。因为买书的消费者数量巨大，因此 Amazon 可以提供一个非常强大的推荐榜单，这也是根据读者的购买数据统计出来的。Amazon 网站所销售的图书超过一半是靠这个方式卖出去的，这是 Amazon 独有的、不可复制的商业秘密。

从经济学的角度来讲，网络效应加上全球访问带来的结果就是边际成本的递减，效益递增，最终使边际成本趋于零，达到经济学上的最高效率。

（2）云计算带来个性化服务。由于规模、IT 建设水平、业务、部署应用等的差异，不同的用户对于云计算的需求也是千差万别。基于这种差别，云计算服务为用户提供了不同类型、差异化的应用和服务的组合，同时用户也可以根据自己的需求进行应用和服务的组合，实现个性化配置，而不是简单的"一刀切"。例如，国内的云海创想提供的微世界云主机服务。对于那些仅仅需要服务器和存储空间的用户，微世界提供了一系列的基础配置云主机，共有入门级、专业级、部门级和企业级四个级别可供用户选择。用户只需在微世界的网站上自主选择所需云主机的配置，无需购买硬件，自主安装各种软件后，就能配置各种应用；而对于那些需要一定应用的用户，微世界则提供了应用级云主机，在云主机内预装好了各类应用软件，用户无需再次购买、安装这些应用软件，就能享受服务。目前微世界拥有 OA 办公云主机、ERP 云主机、CRM 云主机、OA 云主机、企业网盘云主机、数据库云主机、网站云主机、邮件云主机等多种类型的应用云主机，方便用户自主选择。

（3）云计算带来长尾效应。所谓长尾效益（Long Tail），是指只要产品的存储和流通的渠道足够大，冷门商品所共同占据的市场份额可以和畅销商品所占据的市场份额相匹敌甚至更大，即众多小市场汇聚可产生与主流市场相匹敌的市场能量。

Google 就是一个典型的"长尾"企业，其成长历程就是把广告商和出版商的"长尾"商业化的过程。Google 的 AdSens 降低了广告门槛，使得数以百万计的小企业和个人可以打广告；对成千上万的博客站点和小规模的商业网站来说，在自己的站点放上广告已成举手之劳。Google 目前有一半的生意来自这些小网站而不是搜索结果中放置的广告。此外，Amazon 上冷门书籍的销量加起来超过总销量的 70%，而畅销书只占 30%，这也是长尾效应。无数的小数积累在一起就是一个不可估量的大数，无数的小生意集合在一起就是一个不可限量的大市场。非常多的个性化需求加起来可以产生巨大价值，所以云计算服务的价值在于开创"蓝海"。

从经济学的属性来看，云计算服务比传统服务具有超过若干个数量级的竞争能力。云计算平台能够以较低的管理边际成本开发新产品，推出新产品，使新业务的启动成本为零，资源不会受限于单一的产品和服务，运营商因此可以在一定投资范围内极大地丰富产品的种类，通过资源的自动调度，满足各个业务需求，尽可能地发挥长尾效益。

（4）云计算带来环保优势。云计算同样还会带来环保方面的优势。虽然云计算的确需要消耗大量的资源，但是和先前的计算模式（比如 Client/Server 等）相比，在能源的使用效率方面，云计算相对高得多。所以，从长期而言，采用云计算对环境还是非常有益处的。

微软的一项新研究证实了关心环保的众企业长久以来的期望：云计算有望帮助企业减少 30%甚至更多的能量消耗和碳排放。该研究表明，例如技术巨人微软和 Google 所运营的大型数据中心，其利润依赖于规模经济和运作效率。拥有约 100 个用户的小型商务，如果将商务应用从实地服务转向云计算，将节约超过 90%的净能量和碳消耗。对于服务约 1000 用户的中型机构，将节能 60%～90%。机构规模越小，受益越大。

云计算带来的环保优势主要体现在以下几个方面：①云计算可以在不同的应用程序之间虚拟化和共享资源，以提高服务器的利用率。在云中，可以在多个操作系统和应用程序之间共享（虚拟化）服务器，从而减少服务器的数量。更少的服务器意味着更少的空间、更少的电能和更少的污染。②计算资源集中化将极大提高效率。计算资源集中化，能将工作负载从低效率的企业数据中心转移到高效率的云中（比如，Google 数据中心的能源利用率是普通的企业数据中心 2 倍以上），并能把许多细小的工作负载整合到一起来增加计算资源的利用率。更重要的是，云计算中心能选择在最合适的地点建设。比如将云计算中心建在电厂旁，以免去电网对电力耗损；也能建在寒冷的北方，从而降低用于制冷的能源投入。③云计算将提升能源自身运营的效率。比如通过云计算所支撑的智能电网（Smart Grid）方案，将极大地减少电流在传输方面的损耗。因为有很多电力是在传输中被低效的电网所浪费，而不是被使用掉的。④接入互联网的设备趋向低能耗化。手机、平板和笔记本等移动设备已经逐步替代高能耗的台式机成为上网的首选，而这些设备的能耗大多在传统台式机的 1/10 左右。⑤通过接入互联网来进行在线通信和会议，将有效地降低人们出行的次数，从而减少在交通方面所引起的污染。

网络效应、个性化服务、长尾效应，环保优势，云计算带来的不仅是 IT 基础设施使用的改变，更重要的是重塑了经济学概念，促进企业业务模式的改变，从而快速迈进服务经济时代。

（三）云计算的成本结构分析

在短短几年时间里，云计算被广大用户所接受，越来越多的企业、政府、学校、医疗机构纷纷投入到云计算实践当中。随着云计算的蓬勃发展，运营商吸引用户从传统方式转换为云计算模式，运营商的目光也转移到如何以最小的成本获得最大的收益这样深层次的问题上。为此，需要展开对云计算的成本效益分析。

在云计算中，经济效益的实现被视为两步过程：第一步，只有当收益大于成本时，资源才被应用；第二步，当成本最小时，通过给定的资源实现最大效益。由此可见，成本分析是云计算经济效益分析的重要基础。

1. 云计算的成本结构特点

目前，已经有一些方法和技术用以对传统数据中心的成本分析，但是云计算的特点使得它们很难被采用去作云计算的成本分析。这是因为云计算服务作为新型的 IT 服务，与以往的 IT 服务不同，具有资源弹性利用和虚拟化的新特点。

（1）资源弹性利用。云计算是一个按需提供的资源服务。用户通过向云申请自己所需要的资源，然后从云上得到反馈，获得所需资源。云计算所采用的架构使得其可以不断地自动适应用户变化的需求。动态可扩展性技术支持云在资源池中实现多次配置，无需人工干预。这就意味着，服务器、软件、能耗以及设施，包括网络关键物理基础设施和电力系统，都可以根据用户需求的变化，在资源池中进行删减。这就使得云计算的成本分析完全不同于传统的数据中心。目前的成本分析技术并没有考虑云计算的弹性特点。它们的计算主要取决于对每个成本项目和所有现金支出的汇总的统计，而忽略了弹性使用对成本计算的影响。且目前的技术无法从不断变化的云计算中得到每一个成本项目的确切数据，用以计算。

云计算的成本分析应该以使用为导向，随着用户不断变化的需求，甚至是用户的规模而改变。

（2）虚拟化。在云计算中，一组通用的服务器承载着多个应用程序。这就允许应用程序工作量整合在较少的服务器上，从而保证其被更好地使用。因为不同的工作量可能有不同的资源利用足迹，且随着时间变化可能会进一步有所不同。为此，虚拟化技术在云计算中被广泛采用。云计算服务提供商将任意用户的应用程序打包成一组虚拟机（VMs），并将虚拟机作为应用程序的资源。

在这种情况下，虚拟机成为云计算中资源的单位，这肯定会影响成本分析。例如，传统的成本计算主要以物理服务器作为单位来计算服务器成本，且考虑更新情况。但采用虚拟化是在综合使用物理服务器。另一个例子是软件。在云计算服务中，软件以虚拟机的形式授权给用户使用，而不是物理服务器。云计算服务供应商在虚拟机应用的租赁时，将软件借给用户，这就使得在一段时期内，云中的软件被公共使用了，传统的软件成本基于单独价格直接计算的方式已不再适用。

2．云计算的成本分析方法

（1）总拥有成本。总拥有成本通常被用来作为商业实施和管理 IT 基础设施的实际成本。它不仅包含资本成本，而且考虑了经营整个 IT 基础设施的成本。综合考虑整个生命周期的消费使得总拥有成本可以适当地作为决定云计算经济价值的成本基础。因此，将云计算总拥有成本视为云计算成本分析的基础。

云计算的总拥有成本一般是指建立和运营一个云所花费的成本。构成云计算总拥有成本的元素可以分为八类：服务器、软件、设施、支持和维护、网络、电力、冷却以及场地。

1）服务器成本。云计算中的服务器都被安放在机架中，共同构成一个资源池。用户通过资源池分配到自己需要的应用和服务。计算总拥有成本时，需考虑资源池中所有的服务器。

2）软件成本。这个成本主要是用于支付软件使用许可证费用，根据许可方式的不同，有不同的分类方式，相应的成本计算方法也是截然不同的。

3）网络成本。与网络相关的成本主要是由交换机、网卡和用来将物理服务器连接到网络的电缆产生。其中，由于网卡、电缆一般是和服务器联合购买的，因此在计算总拥有成本时，网卡和电缆算在物理服务器的价格里。网络成本只需考虑网络交换机的成本。

4）支持和维护成本。此项属于软成本，但是也包含了一些重要工作的费用，如软件分发和升级、资产管理、故障排除、流量管理、服务器配置、病毒防护、磁盘保护以及性能维护等产生的费用。

5）电力成本。云计算中的电力主要用于计算的基础设施（IT 负载），如服务器、网络交换机等，以及网络关键物理基础设施（非 IT 负载），如变压器、不间断电源设备、电源线、风扇、空调、水泵、加湿器、照明等。由于这些是被配置在机架内的，因此电力成本一般按照机架为单位计算。

6）冷却成本。因为数据中心的能耗被完全转化为热能，所以机架的额定功率与热输出是相等的。

7）设施成本。设施不是设备，但是对设备的正常运行具有重要作用。它们都被包含在机架内，也是按机架为单位来计算的。

8）场地成本。由于冷却、电力等特殊基础设施的需求，云计算所需求场地价格通常比标准的商用物业更贵。有数据显示，每平方米额定功率为40W 的数据中心的成本约为 4000 美元。

以上八类成本的总和就是云计算的总拥有成本。当具体计算时，所需要的参数都从运营商或行业统计数据处收集。

（2）使用成本。对云计算来说，仅仅计算和分析总拥有成本是不够的。虽然总拥有成本对评估云计算整个生命周期的 IT 成本是有帮助的，但是它更适合被用来评估基础成本，而不是云上弹性资源的传递成本。总拥有成本包含资源池内所有服务器及所有支持这些服务器的设施等的成本。但是云只是使用了这些服务器和其他类别的资源的部分以满足用户的要求。被使用的部分资源的成本很容易随着各种工作负载的变化而不断变化，于是需要计算由用户使用带来的成本，这里被称为使用成本。使用成本的计算将考虑到云计算的虚拟化和弹性化特性。

完全不同于传统的成本核算方式，这里采用虚拟主机为使用成本的输入，并采用一个三层结构的推导模型来计算使用成本。同总拥有成本一样，使用成本也采用相同的 8 个衡量标准的类别，即服务器成本、软件成本、设施成本、支持和维护成本、网络成本、电力成本、冷却成本以及场地成本。使用成本的整个计算过程是：首先，在第一层，获得作为输入的虚拟机数量和虚拟机密度；然后，在第二层，根据以上两个参数，计算服务器的数量，在服务器数量和虚拟机数量的基础上可以得到服务器成本、软件成本、支持和维护成本、网络成本等；在第三层次，计算包含服务器的机架数量。电力成本、冷却成本、设施成本以及场地成本都取决于机架数。

最后，将这 8 类成本相加就得到了云计算的使用成本。

（四）云计算的效益分析

很多企业目前仍然是手动安装部署系统，效率低下，很多人力浪费在重复烦琐的系统管理和手动部署上。然而，在高度虚拟化的云计算环境中，虚拟化可以大力促进系统整合，从而减少硬件支出；自动化能够显著节省人力支出，同时提高效率，减少手动错误。在此基础上总体节省的数目将大大超过云计算项目在虚拟化和管理软件上的投入。因此，通过建立云计算平台，用户可以得到更大的效益。

对于云计算，其收益分析主要包括以下几个方面：硬件、软件、自动化部署、系统管理。

1. 硬件效益分析

云计算能节省多少钱，根据用户的不同而有所差别。但是云计算能节省用户硬件成本已经是个不争的事实。云计算可以使用户的硬件的利用率达到最大化，给用户带来巨大效益。

（1）效率效益。在传统硬件模式的架构下，如果需要更高处理能力或是更大存储空间，通常会选用更高级、更强大的服务器来实现，比如选择大型服务器或高端小型机。但随着应用规模越来越大，尤其是对许多互联网上的应用而言，这种方式给用户带来诸多挑战。比如，系统的纵向扩展能力有限，无论是何种服务器，所能扩展的处理器和内存都相对有限。另外，对于大规模应用来说，这种构建方式下的系统构建成本较高。由于传统的大型机和小型机不是采用标准化的构建方式，其成本始终居高不下。云计算的出现，使人们开始重新考虑硬件平台的构建方式。绝大部分云计算平台目前都是采用标准化、低成本的硬件，然后通过软件方式横向扩展来构建一个庞大且稳定的计算平台。

在云计算中，硬件的节省来自提高服务器利用率和减少服务器的数量。在一个典型的数据中心，服务器运行单一应用程序，计算能力利用率低于20%。在云计算环境中，由于系统的整合和虚拟化，需要的服务器的数量极大下降，每台服务器的利用率大幅提高，从而显著节省了硬件费用，也减少了将来的硬件投资。

（2）节能效益。当越来越多的企业开始转向云计算，他们就不需要自己来维护服务器。相应地，服务器数量减少了，就直接节省了电力、智能及机房的开支。

（3）市场效益。服务器整合是实施企业私有云的第一步。服务器整合可以提高 IT 效率，同时减少基础设施的支出，从而使得企业可以用更多精力和资本去发展自身业务、开拓市场，同时也提升了企业 IT 快速响应市场变化的能力。

2．软件效益分析

软件即服务是云计算中的一个重要模式。在这种模式下，客户不再像传统模式那样花费大量投资用于硬件、软件、人员，而只需要支出一定的租赁服务费用，通过互联网便可以享受到相应的硬件、软件和维护服务，享有软件使用权和不断升级。这是软件应用最具效益的营运模式。

（1）经济效益。SaaS 不仅减少甚至取消了传统的软件授权费用，而且厂商将应用软件部署在统一的服务器上，免除了最终用户的服务器硬件、网络安全设备和软件升级维护的支出，客户不需要付出除了个人电脑和互联网连接之外的其他 IT 投资，就可以通过互联网获得所需要软件和服务。另外，SaaS 软件运营商通常是按照客户所租用的软件模块来进行收费的，因此用户可以根据需求按需订购软件应用服务，而且 SaaS 的供应商会负责系统的部署、升级和维护。而传统管理软件通常是买家需要一次支付一笔可观的费用才能正式启动。相比之下，使用云计算的用户可以节省一大笔开支。

（2）市场效益。客户通过 SaaS 模式获得巨大收益的同时，对于软件厂商而言就变成了巨大的潜在市场。因为以前那些因为无法承担软件许可费用或者是没有能力配置专业人员的用户，都变成了潜在的客户。同时，SaaS 模式还可以帮助厂商增强差异化的竞争优势，降低开发成本和维护成本，加快产品或服务进入市场的节奏，有效降低营销成本，改变自身的收入模式，改善与客户之间的关系。

3．自动化部署效益分析

艾森哲企业调查研究显示，企业在 IT 方面的 70%花费用于维护现有的 IT 系统，而只有 30%的花费用在新功能的添加上。另外，该企业的统计发现企业 85%的 IT 资源在大多数时间是空闲的，IT 资源浪费相当严重。

云计算的一个功能就是通过自动化部署解决 IT 资源的维护和使用问题，帮助 IT 资源获得最大的使用率，最终降低 IT 资源的成本开销。

自动化部署是指通过自动安装和部署，将计算资源从原始状态变为可用状态。自动化部署是支撑云计算服务平台的重要功能之一。传统的手工应用部署是一个费时费力的过程，通常由多个复杂的步骤组成，包括软件的安装、配置，以及为软件分配硬件资源等。由于定制化的业务应用通常具有特殊的安装和配置步骤，使得应用软件的部署更成为复杂的过程。这些因素都使得自动化部署成为以云计算平台管理这些任务的关键。只有通过动态的部署业务应用，才能够真正实现云计算平台的灵活性。

在云计算中，自动化部署体现为将虚拟资源池中的资源划分、安装和部署成可以为用户提供各种服务和应用的过程，其中包括硬件（服务器）、软件（用户需要的软件和配置）、网络和存储。系统资源的部署有多个步骤，自动化部署通过调用脚本，实现云上自动配置、应用软件的部署和配置，确保这些调用过程可以以默认的方式实现，免除了大量的人机交互，从而节省部署所需的大量时间和人力，提高部署的质量。

IDC（Internet Data Center，互联网数据中心）调研显示，自动化管理在为企业降低成本的同时，可以提供更好、更标准化的交付服务，并且更灵活地响应变更。

IBM 云计算中心的数据显示，中等规模和大型的云计算环境下，自动化安装部署工具的使用，使部署一套系统的时间从 40～70 小时减少到了30 分钟。在安装环境复杂、影响众多的情况下，自动化安装部署带来的效益尤为突出。在大型环境下，支出节省达到了 90%。

4. 系统管理方面的效益

云计算的一个重要核心理念：通过一种系统配置机制来实现不同的功能，以满足不同的需求。一般来说，改变软件系统的运行和功能，通常是靠编程或配置，也可以是两者同时进行。编程需要专门的技术知识，包括底层的软件程序语言和算法逻辑；而配置则不需要任何具体的技术专长。配置的变化会直接影响系统运行和用户体验，并且该操作通常由系统管理员实施，他只需要访问配置维护界面，整个过程中，底层软件程序并没有改变。这种重要的理念让云计算的系统管理难度大大降低。

同时，云计算服务不可避免地对企业相关组织结构和工作职责产生影响，使企业管理扁平化。云计算是将资源集中起来，以整体服务的方式提供给使用者，无论是公有云，还是私有云。所以，这种资源集中化，必然带来企业组织结构、业务流程的调整，特别是对于一些大型企业。例如中国联通，已建立了一套"大 ERP 系统"，它以 ERP 核心系统为基础，同步建设包括采购、项目、资金、合同、预算、报账等 10 多个子系统，紧密集成，共同构成了一个超越了传统 ERP 方法和理念的信息系统。这个一级平台带来最大的好处就是平面化管理：能够实现全集团业务处理过程的统一、全集团数据信息的集中，让所有单位的管理过程全部放在一个桌面上，实现业务过程、数据信息等全部置于一个平面。相应的，很多管理职能得以上移，减少了层级，提高了管理的效率。而对于小企业来讲，选用云计算服务的结果，最直接的改变就是不再需要为此养人，而是靠服务商来保证品质，且系统的初始成本可以忽略不计。

二、云计算典型的应用场景

随着信息技术的不断提高和发展，云计算已经逐渐渗入各行各业当中，并得到了广泛的接纳与认同。各种类型的行业云纷纷诞生。其中，制造云、金融云、医疗云、教育云等作为首先落地的典型代表，已经取得了不俗的效果和成绩。

（一）制造云

我国制造业正处于从生产型向服务型、从价值链的低端向中高端，从制造大国向制造强国、从中国制造向中国创造转变的关键历史时期。如何在制造过程中整合社会化存量资源，提高资源利用率，降低能源消耗，减少排放，从而实现服务型制造，已成为我国制造业迫切需要解决的瓶颈问题。解决这些问题，需要探索新的制造业发展模式。因此，由先进的信息技术、制造技术以及新兴物联网技术等交叉融合的"制造云"应运而生。

制造云是云计算向制造业信息化领域延伸与发展后的落地与实现，融合与发展了现有信息化制造（信息化设计、生产、实验、仿真、管理、集成）技术及云计算、物联网、面向服务、智能科学、高效能（性能）计算等新兴信息技术，将各类制造资源和制造能力虚拟化。

（二）金融云

互联网金融以及金融科技、大数据的迅猛发展，同步催生了金融机构对云计算技术的强烈需求。这些机构所产生的数据体量越来越大，数据维度和复杂度呈指数型增长，金融机构对云计算的依赖程度也与日俱增。因此，拥抱云计算，打造"金融云"，恰逢其时。

金融云是指金融机构利用云计算的运算和服务优势，将自身数据、客户、流程及价值通过数据中心、客户端等技术手段分散到云中，以改善系统体验、提升运算能力、重组数据价值，为客户提供更高水平的金融服务，降低运行成本，最终达到精简核心业务、扩充分散渠道的目的。金融云的发展服务旨在为银行、基金、保险等金融机构提供 IT 资源和互联网运维服务。

金融云是金融机构融合云计算模型及业务体系所诞生的新产物。金融云可以帮助金融机构实现海量数据的转移与集中，并提高金融机构数据处理的能力，从而降低金融机构的运营商成本，改善客户的体验。金融云的诞生符合新金融时代要求，即金融机构经营模式将从"以产品为中心"向"以客户为中心"转型，管理模式将从"粗放型"向"精细化"转型，逐步实现开放、普惠、创新。

从国内金融云市场来看，我国金融云的格局大概是由互联网机构、商业银行、软件服务商主导的三方争夺。

互联网机构主要基于自有云平台进行金融云业务布局。其中，阿里云作为国内知名公有云服务商，早年实施"聚宝盆"金融云服务，服务模式分为金融公共云和金融专有云，其技术成熟度、品牌效应、性价比等优势明显，云平台性能相对而言较为稳定，服务用户不乏中国银行、广发银行、阳光保险、众安保险、银河证券、陆金所等知名的金融机构，金融云市场份额最大。腾讯与阿里实力相当，在上海浦东建了金桥数据中心，其网络容灾性设计为最高级别，服务案例包括微众银行、泰康人寿、广发证券、安心保险等，用户积累已达 2000 个。华为凭借硬件提供商及 IT 市场影响力，金融云业务开展亦较强劲。此外，百度、京东、UCloud 等也开始发力金融云，基本模式和阿里、腾讯等类似，但在规模上仍处于追赶阶段。

商业银行中，兴业银行、浦发银行、广发银行、招商银行等依托各自旗下科技公司相继开展金融云服务。招银云创采用 IBM Power Systems 服务器及 Power 云服务等解决方案，对旗下金融云业务进行服务内容与能力的全面升级，建设国内首个基于 IBM System i 的金融行业云，提供金融级的容灾与保障，帮助金融机构满足监管合规要求。招银云创未来还将采用 IBM 先进的区块链及人工智能等技术提供创新的金融云服务。兴业银行数金云服务包括六项，其中专属云、容灾云、备份云是三大基础服务，此外还包括区块链云服务、人工智能云服务和金融组建云服务。

软件服务商中，用友金融、IBM 也进入金融云市场。用友金融"链融云"作为用友金融 3.0 时期互联网服务的主打产品，帮助现代金融企业以及企业金融业务建立生态价值链，可为小微金融企业更好地管理业务过程、管理业务财务、管理业务流程、管理客户、管理风险、把控风险、拓展客户、拓展业务、拓展生态服务，目前已经在小贷、保险机构中得到应用。IBM 在华选择与兴业数金、招银云创等境内机构合作发布金融云服务。

（三）医疗云

向云端加速迁移是医疗行业在 IT 应用方面的一个阶段性变化。过去，整个行业的 IT 基础设施与系统是高度分散的，医疗机构往往配备强大的防火墙，采用内部管理的方式。这种零碎、定制化的 IT 管理方式背后是对数据安全的担忧。现在，医疗行业已经开始效仿金融服务等其他领域，在不牺牲数据安全的前提下，充分享受云计算带来的成本与敏捷优势。随着云计算在医疗行业的广泛运用，"医疗云"随之而诞生。

所谓医疗云，是指在医疗卫生领域采用云计算、物联网、5G 通信以及多媒体等新技术，结合医疗技术，使用云计算的理念来构建的医疗健康服务云平台。医疗云将现有系统迁移到基础设施云上，实现了虚拟化和桌面云，并帮助开发了新的基于云计算的 SaaS 应用，例如医院管理辅助决策和医院财务的运营管理。医疗云的诞生提高了医疗机构的服务效率，降低了服务成本，方便了居民就医，减轻了患者的经济负担。

目前，医疗云包括云医疗健康信息平台、云医疗远程诊断及会诊系统、云医疗远程监护系统以及云医疗教育系统等。

1. 云医疗健康信息平台

该平台主要是将电子病历、预约挂号、电子处方、电子医嘱以及医疗影像文档、临床检验信息文档等整合起来建立一个完整的数字化电子健康档案（EHR）系统，并将健康档案通过云端存储使其成为今后医疗的诊断依据以及其他远程医疗、医疗教育信息的来源等。在云医疗健康信息平台中还将建立一个以视频语音为基础的、多对多的健康信息沟通平台，建立多媒体医疗保健咨询系统，以方便病人更多更快地与医生进行沟通，云医疗健康信息平台将作为云医疗远程诊断及会诊系统、云医疗远程监护系统以及云医疗教育系统的基础平台。

2. 云医疗远程诊断及会诊系统

该平台主要针对边远地区以及应用于社区门诊，通过云医疗远程诊断及会诊系统，在医学专家和病人之间建立起全新的联系，使病人在原地、原医院即可接受远地专家的会诊并在其指导下进行治疗和护理，可以节约医生和病人的大量时间和金钱。云医疗运用云计算、5G 通信、物联网以及医疗技术与设备，通过数据、文字、语音和图像资料的远距离传送，实现专家与病人、专家与医务人员之间异地"面对面"的会诊。

3. 云医疗远程监护系统

该平台主要应用于老年人、心脑血管疾病患者、糖尿病患者以及术后康复的监护。它通过云医疗监护设备，提供了全方位的生命信号检测（包括心脏、血压、呼吸等），并通过 5G 通信、物联网等设备将监测到的数据发送到云医疗远程监护系统，如出现异常数据，系统将会发出警告通知给监护人。云医疗监护设备还将附带安装一个 GPS 定位仪以及 SOS 紧急求救按钮，如病人出现异常，通过 SOS 求助按钮将信息传送回云医疗远程监护系统，云医疗远程监护系统将与云医疗远程诊断及会诊系统对接，远程为病人进行会诊治疗，如出现紧急情况，云医疗远程监护系统也能通过 GPS 定位仪迅速找到病人进行救治，以免错过最佳救治时间。

4. 云医疗教育系统

该平台主要在云医疗健康信息平台基础上，以现实统计数据为依据，对各地疑难急重症患者进行远程、异地、实时、动态电视直播会诊以及进行大型国际会议全程转播，并组织国内外专题讲座、学术交流和手术观摩等，可极大地促进我国云医疗事业的发展。

（四）教育云

所谓教育云，就是指基于云计算商业模式应用的教育平台服务。在云平台上，所有的教育机构、培训机构、招生服务机构、宣传机构、行业协会、管理机构、行业媒体、法律结构等都集中云整合成资源池，各个资源相互展示和互动，按需交流，达成意向，从而降低教育成本，提高效率。

由此可见，教育云不仅实现了教育资源的整合与信息化，而且实现了教育资源的统一部署与规划，推动了教育资源的共享。学生或老师只需要使用简单的终端设备通过网络就可以获取学习资料以及实验的资源，大大降低了教学成本，减少了院校的成本投入；对于高校来说，选择自有教育云基础设施的建设，推进建设业务支撑平台、科研实验平台、教学实训平台、数字化校园和智慧校园云平台、双活数据中心等子系统的建设；中小学校可以将应用接入教育部门统一构建的教育云平台，打通教育资源之间的壁垒。

目前，教育云主要包括云计算辅助教学（Cloud Computing Assisted Instructions，CCAI）和云计算辅助教育（Clouds Computing Based Education，CCBE）多种形式。

云计算辅助教学是指学校和教师利用云计算支持的教育云服务，构建个性化教学的信息化环境，支持教师的有效教学和学生的主动学习，促进学生高级思维能力和群体智慧发展，提高教育质量。也就是充分利用云计算所带来的云服务为我们的教学提供资源共享，存储空间无限的便利条件。

云计算辅助教育，或称为基于云计算的教育，是指在教育的各个领域中，利用云计算提供的服务来辅助教育教学活动。云计算辅助教育是一个新兴的学科概念，属于计算机科学和教育科学的交叉领域，它关注未来云计算时代教育活动中各种要素的总和，主要探索云计算提供的服务在教育教学中的应用规律，与主流学习理论的支持和融合，相应的教育教学资源和过程的设计与管理等。

近几年来，与所有的新技术的发展一样，基于云计算的教育云至今仍处于发展和完善阶段，还需要更多的探索与实验，在新的信息技术不断出现和引领下，在服务化的驱使下，能够帮助教育学体系（包括普通高校、高职高专、中小学校）在信息化转型过程中实现目标。

第二章 虚拟化技术

第一节 虚拟化技术概述

虚拟化是一种资源管理技术，它将计算机的各种实体资源（CPU、内存、磁盘空间、网络适配器等）进行抽象、转换以后，呈现出来，并可供分区、组合为一个或多个计算机配置环境。这些资源的新虚拟部分不受现有资源的架设方式、地域或物理配置所限制。一般所指的虚拟化资源包括计算能力和数据存储。

最底层的虚拟化是硬件支持的虚拟化，如 Intel 虚拟化技术（VT-x）和 AMD 的 AMD-V，上有操作系统级别的虚拟化，如 KVM、ESXI 等，最上层的还有应用虚拟化，如 JVM。

云计算的核心技术之一就是虚拟化技术。云计算虚拟化是指通过虚拟化技术将一台计算机虚拟为多台逻辑计算机。在一台计算机上同时运行多个逻辑计算机，每个逻辑计算机可运行不同的操作系统，并且应用程序都可以在相互独立的空间内运行而互不影响，从而显著提高计算机的工作效率。

虚拟化使用软件的方法重新定义划分 IT 资源，可以实现 IT 资源的动态分配、灵活调度、跨域共享，提高 IT 资源利用率，使 IT 资源能够真正成为社会基础设施，服务于各行各业中灵活多变的应用需求。

一、虚拟化方式

虚拟化技术有很多实现方式，比如根据虚拟化的程度和级别，有软件虚拟化和硬件虚拟化、全虚拟化和半虚拟化。

（一）软件虚拟化

软件虚拟化就是采用纯软件的方法在现有的物理平台上实现物理平台访问的截获和模拟，该物理平台往往不支持硬件虚拟化。

常见的软件虚拟化技术 QEMU，通过纯软件来仿真 X86 平台处理器的指令，然后解码和执行。该过程并不在物理平台上直接执行，而是通过软件模拟实现，因此，往往性能比较差，但是可以在同一平台上模拟出不同架构平台的虚拟机。

VMware 则采用了动态二进制翻译技术。VMM 在可控的范围内，允许客户机的指令在可控的范围内直接运行。客户机指令在运行前会被 VMM 扫描，其中突破 VMM 限制的指令被动态替换为可以在物理平台上直接运行的安全指令，或者替换为对 VMM 的软件调用。因此其性能比 QEMU 有大幅提升，但是失去了跨平台虚拟化的能力。

（二）硬件虚拟化

硬件虚拟化就是物理平台本身提供了对特殊指令的截获和重定向的硬件支持，新的硬件会提供额外的资源来帮助软件实现对关键硬件资源的虚拟化，从而提升性能。

比如 X86 平台，CPU 带有特别优化过的指令集来控制虚拟过程，通过这些指令集，VMM 会将客户机置于一种受限模式下运行，一旦客户机试图访问硬件资源，硬件会暂停客户机的运行，将控制权交回给 VMM 处理。同时，VMM 还可以利用硬件的虚拟化增强技术，将客户机对硬件资源的访问，完全由硬件重定向到 VMM 指定的虚拟资源。

由于硬件虚拟化可提供全新的架构，支持操作系统直接在上面运行，无需进行二进制翻译转换，减少性能开销，极大地简化了 VMM 的设计，从而使 VMM 可以按标准编写，通用性更好，性能更强。

但是硬件虚拟化技术是一套解决方案，在完整的情况下需要 CPU、主板芯片组、BIOS 和软件的支持。Intel 在其处理器产品线中实现了 Intel VT 虚拟化技术（包括 Intel VT-x/d/c）。AMD 也同样实现了其芯片级的虚拟化技术 AMD-V。

（三）完全虚拟化

完全虚拟化技术又叫硬件辅助虚拟化技术，最初使用的虚拟化技术就是全虚拟化（Full Virtualization）技术，它在虚拟机（VM）和硬件之间加了一个软件层 Hypervisor，或者叫作虚拟机管理程序或虚拟机监视器（VMM）。

完全虚拟化技术几乎能让任何一款操作系统不用改动就能安装到虚拟服务器上，而它们不知道自己运行在虚拟化环境下。主要缺点是，性能方面不如裸机，因为 VMM 需要占用一些资源，给处理器带来开销。

（四）半虚拟化

半虚拟化技术，也叫作准虚拟化技术，它就是在全虚拟化的基础上，对客户操作系统进行了修改，增加了一个专门的 API，这个 API 可以将客户操作系统发出的指令进行最优化，即不需要 VMM 耗费一定的资源进行翻译操作。因此，VMM 的工作负担变得非常小，整体的性能也有很大的提高。缺点是要修改包含该 API 的操作系统，但是对于某些不含该 API 的操作系统（主要是 Windows）来说，就不能用这种方法。

半虚拟化技术的优点是性能高。经过半虚拟化处理的服务器可与 VMM 协同工作，其响应能力几乎不亚于未经过虚拟化处理的服务器。它的客户操作系统（Guest OS）集成了虚拟化方面的代码。该方法无需重新编译或引起陷阱，因为操作系统自身能够与虚拟进程进行很好的协作。

二、典型的虚拟化技术

虚拟化技术指的是软件层面的实现虚拟化的技术，整体上分为开源虚拟化和商业虚拟化两大阵营。典型的代表有 Xen、KVM、WMware、Hyper-V、Docker 容器等。

这里介绍一下开源的 KVM、Xen、微软的 Hyper-V 技术及 Docker 容器。

（一）KVM

KVM 是基于内核的虚拟机，KVM 是集成到 Linux 内核的 VMM，是 X86 架构且硬件支持虚拟化技术的 Linux 的全虚拟化解决方案。它是 Linux 的一个很小的模块，利用 Linux 做大量的事，如任务调度、内存管理与硬件设备交互等。

KVM 继承了 Linux 系统管理内存的诸多特性，比如，分配给虚拟使用的内存可以被交换至交换空间、能够使用大内存页以实现更好的性能，以及对 NUMA 的支持能够让虚拟机高效访问更大的内存空间等。

KVM 基于 Intel 的 EPT 或 AMD 的 RVI 技术可以支持更新的内存虚拟

功能，这可以降低 CPU 的占用率，并提供较高的吞吐量。此外，KVM 还借助于 KSM 这个内核特性实现了内存页面共享。因此，KSM 技术可以降低内存占用，进而提高整体性能。

（二）Xen

Xen 是一个基于 x86 架构，发展最快、性能最稳定、占用资源最少的开源虚拟化技术。在 Xen 使用的方法中，没有指令翻译。其功能实现通过两种方法：一种是使用一个能理解和翻译虚拟操作系统发出的未修改指令的 CPU（此方法称作完全虚拟化）；另一种是修改操作系统，从而使它发出的指令最优化，便于在虚拟化环境中执行（此方法称作准虚拟化）。

在 Xen 环境中，主要有两个组成部分。一个是虚拟机监控器（VMM），VMM 层在硬件与虚拟机之间，是必须最先载入到硬件的第一层。Hypervisor 载入后，就可以部署虚拟机了。另一个是虚拟机，在 Xen 中，虚拟机叫作 "domain"。在这些虚拟机中，其中一个扮演着很重要的角色，就是 domainO，它具有很高的特权。通常，在任何虚拟机之前安装的操作系统才有这种特权。通过 domainO，管理员可以利用一些 Xen 工具来创建其他虚拟机（Xen 术语叫 domainU）。这些 domainU 也叫无特权 domain。

（三）Hyper-V

Hyper-V 采用微内核的架构，兼顾了安全性和性能的要求。Hyper-V 底层的 VMM 运行在最高的特权级别下，微软将其称为 Ring 1（而 Intel 则将其称为 root mode），而虚拟机的 OS 内核和驱动运行在 Ring 0，应用程序运行在 Ring 3 下，这种架构就不需要采用复杂的 BT（二进制特权指令翻译）技术，这就可以进一步提高安全性。

Hyper-V 采用基于 VM bus 的高速内存总线架构，来自虚拟机的硬件请求（显卡、鼠标、磁盘、网络）可以直接经过 VSC，通过 VM bus 总线发送到根分区的 VSP，VSP 调用对应的设备驱动，可以直接访问硬件，中间不需要 Hypervisor 的帮助。

由于 Hyper-V 底层的 VMM 代码量很小，不包含任何第三方的驱动，非常精简，所以安全性更高。由于 Hyper-V 不再像以前的 Virtual Server，每个硬件请求都需要经过用户模式、内核模式的多次切换转移，所以这种架构效率很高。

（四）Docker 容器

Docker 容器是一个开源的应用容器引擎，使用该引擎，开发者可以把他们的应用及依赖包打包到一个可移植的容器中，然后发布到任何流行的 Linux 机器上，也可以实现虚拟化。容器是完全使用沙箱机制，相互之间不会有任何接口（类似 iPhone 的 APP）。容器几乎没有性能开销，可以很容易地在机器和数据中心中运行。最重要的是，容器不依赖任何语言、框架和系统。

Docker 在一个单一的容器内捆绑了关键的应用程序组件，这也就让该容器可以在不同平台和云计算之间实现便携性。因此，Docker 就成为了需要实现跨多个不同环境运行的应用程序的理想容器技术。

Docker 还可以让使用微服务的应用程序得益，所谓微服务就是把应用程序分解成为专门开发的更小服务。这些服务使用通用的 RESTAPI 来进行交互。通过使用完全封装的 Docker 容器，开发人员可以针对采用微服务的应用程序开发出更为高效的分发模式。

三、虚拟化的优势

（一）节省资源

对于计算虚拟化，将服务的资源细化，化大为小，这样可以更加精细地进行资源的划分和管理，从而节省资源，使用更少的物理机服务器。对于网络资源来说可以通过软件模拟来节省昂贵的网络设备。存储也是一样，通过分布式的存储，替换部分专有的存储设备，从而达到节省成本的目的。

（二）服务隔离

在传统的部署模式下，一个物理机上面可能部署多个服务，每个服务共享资源互相关联，通过虚拟化，生成一个独立的运行环境，这样提供了服务隔离，保证服务运行的稳定和安全。

（三）快速配置

对于传统的服务器，即便是通过 pxe 安装也需要很长的时间，同时还要安装各种服务的依赖环境，配置相当麻烦，而虚拟化技术将运行环境打包成一个虚拟机镜像，甚至是一个 Docker 的 image，这样可以实现一键秒级的启动。

（四）服务的灾备

通过虚拟机的迁移技术，结合网络的 SDN 技术等，可以实现虚拟机的在线迁移，这为灾备提供了很好支持，虚拟机可以随时做镜像和快照，通过快照也可以迅速地启动虚拟机。

（五）屏蔽物理硬件和操作系统

通过虚拟化技术，可以在不同架构的服务器运行相同的操作系统，可以在 Linux 的宿主机上运行 Windows 操作系统，也可以在 Windows 的宿主机上运行 Linux 操作系统。

第二节　计算虚拟化

计算虚拟化可以狭义地理解为 CPU 和内存虚拟化。CPU 虚拟化就是把物理 CPU 抽象成虚拟 CPU 供 Guest OS 使用，任意时刻，一个物理 CPU 上只能运行一个虚拟 CPU，虚拟 CPU 本质上就是一个进程。内存虚拟化，就是通过 VMM（hypervisor）管理物理机上内存，并按照每个虚拟机对内存的需求划分机器内存，同时保证各个虚拟机内存相互隔离。在内存虚拟化中，需要维护逻辑内存（Guest OS）与机器内存之间的映射关系。虚拟内存管理常用四种技术：内存气泡、内存零页共享、内存交换技术和 Docker 页。

计算虚拟化广义的理解还包括 I/O 虚拟化，即由多个 VM 共享一个物理设备，设备如磁盘、网卡。一般借用 TDMA 的思想，通过分时多路技术进行复用。

一、基本概念

计算虚拟化就是在虚拟系统和底层硬件之间抽象出 CPU 和内存，以供虚拟机使用。计算虚拟化技术需要模拟出一套操作系统的运行环境，在这个环境中可以安装 Windows，也可以部署 Linux，这些操作系统被称作 Guest OS。它们相互独立，互不影响。计算虚拟化可以将主机单个物理核虚拟出多个

vCPU，这些 vCPU 本质上就是运行的线程，考虑到系统调度，所以并不是虚拟的核数越多越好。计算虚拟化把物理机上面内存进行逻辑划分出多个段，供不同的虚拟机使用，每个虚拟机看到的都是自己独立的内存，从这个意义上讲，计算虚拟化包含了 CPU 虚拟化和内存虚拟化。

（一）CPU **虚拟化**

CPU 具有根模式和非根模式，每种模式下又有 Ring 0 和 Ring 3。宿主机运行在根模式下，宿主机的内核处于 Ring 0，而用户态程序处于 Ring 3，Guest OS 运行在非根模式。相似地，Guest OS 的内核运行在 Ring 0，用户态程序运行在 Ring 3。处于非根模式的 Guest OS，当外部中断或缺页异常，还有在主动调用 VMCALL 指令调用 VMM 服务的时候（与系统调用类似），硬件自动挂起 Guest OS，CPU 会从非根模式切换到根模式，整个过程称为 VMexit，相反地，VMM 通过显式调用 VMLAUNCH 或 VMRESUME 指令切换到 VMX non-root operation 模式，硬件自动加载 Guest OS 的上下文，于是 Guest OS 获得运行，这种转换称为 VM entry。

（二）**内存虚拟化**

虚拟机的内存虚拟化类似现在的操作系统支持的虚拟内存方式，应用程序看到邻近的内存地址空间，这个地址空间无须和下面的物理机器内存直接对应，操作系统保持着虚拟页到物理页的映射。现在所有的 x86 CPU 都包括了一个称为内存管理的模块 MMU 和 TLB，通过 MMU 和 TLB 来优化虚拟内存的性能。KVM 实现客户机内存的方式是，利用 mmap 系统调用，在 QEMU 主线程的虚拟地址空间中申明一段连续的大小的空间用于客户机物理内存映射。

KVM 为了在一台机器上运行多个虚拟机，需要增加一个新的内存虚拟化层，必须虚拟 MMU 来支持客户操作系统，来实现 VA→PA→MA 的翻译。客户操作系统继续控制虚拟地址到客户内存物理地址的映射（VA→PA），但是，客户操作系统不能直接访问实际机器内存，因此，VMM 需要负责映射客户物理内存到实际机器内存（PA→MA）。

（三）I/O **虚拟化**

I/O 虚拟化在虚拟化技术中算是比较复杂，也是最重要的一部分。从整体上看，I/O 虚拟化也包括基于软件的虚拟化和硬件辅助的虚拟化，软件虚拟化部分又可以分为全虚拟化和半虚拟化；如果根据设备类型再细分，又可以分为字符设备 I/O 虚拟化（键盘、鼠标、显示器）、块设备 I/O 虚拟化（磁盘、光盘）和网络设备 I/O 虚拟化（网卡）等。

I/O 虚拟化具体实现分为全虚拟化和半虚拟化。

全虚拟化就是 VMM 完全虚拟出一套宿主机的设备模型，宿主机有什么就虚拟出什么，这样，虚拟机发出的任何 I/O 请求都是无感知的，也是说，虚拟机认为自己在"直接"使用物理的 I/O 设备，其实不是，全是虚拟出来的。

虚拟机是宿主机上的一个进程，应该可以以类似的 I/O 请求方式访问到宿主机上的 I/O 设备，但是，虚拟机处在非 Root 的虚拟化模式下，请求无法直接下发到宿主机，必须借助 VMM 来截获并模拟虚拟机的 I/O 请求。每一种 VMM 的实现方案都不一样，像 qemu-kvm，截获操作是由内核态的 kvm 来完成，模拟操作是由用户态的 qemu 来完成的，这也是 kvm 不同于其他 VMM 实现方案的地方。从层次上看，虚拟机发出 I/O 请求到完成相应的 I/O 操作，中间要经过虚拟机的设备驱动，到 VMM 的设备模型，再到宿主机的设备驱动，最终才到真正的 I/O 设备。

设备模型就是 VMM 中进行设备模拟，并处理所有设备请求和响应的逻辑模块，对于 qemu-kvm，qemu 其实就可以看作一个设备模型。

设备模型的逻辑层次关系。对于不同构造的虚拟机，其逻辑层次是类似的：VMM 截获虚拟机的 I/O 操作，将这些操作传递给设备模型进行处理，设备模型运行在一个特定的环境下，这可以是宿主机，可以是 VMM 本身，也可以是另一个虚拟机。

所以，设备模型在这里起着一个桥梁的作用，由虚拟机设备驱动发出的 I/O 请求先通过设备模型转化为物理 I/O 设备的请求，再通过调用物理设备驱动来完成相应的 I/O 操作。反过来，设备驱动将 I/O 操作结果通过设备模型，返回给虚拟机的虚拟设备驱动程序。

半虚拟化的提出就是解决全虚拟化的性能问题的。通过上面的介绍不难看出，这种截获再模拟的方式导致一次 I/O 请求要经过多次的内核态和用户态的切换，性能肯定不理想。半虚拟化就是尽量避免这种情况的发生。

半虚拟化中，虚拟机能够感知到自己处于虚拟化状态，虚拟机和宿主机之间通过某种机制来达成这种感知，也就是两者之间需要建立一套通信接口，虚拟机的 I/O 请求走这套接口，而不是走截获模拟那种方式，这样就可以提升性能。这套接口比较好的一个实现就是 virtio，Linux 2.6.30 版本之后就被集成到了 Linux 内核模块中。

以 Intel VT-d 为首的技术就是硬件辅助的 I/O 虚拟化技术，但是业界一般不是直接使用硬件，而是配合相应的软件技术来完成的，比较常用的两门技术是 PCI Pass-Through 和 SR-IOV。

二、实现方式

计算虚拟化的技术主要包括 Hypervisor 虚拟化和容器虚拟化。

Hypervisor 虚拟机：存在于硬件层和操作系统层间的虚拟化技术。虚拟机通过"伪造"一个硬件抽象接口，将一个操作系统及操作系统层以上的层嫁接到硬件上，实现和真实物理机几乎一样的功能。

容器：存在于操作系统层和函数库层之间的虚拟化技术。容器通过"伪造"操作系统的接口，将 API 抽象层、函数库层以上的功能置于操作系统上，因为它比虚拟机高了一层，也就需要少一层东西，所以，容器占用资源少。

（一）Hypervisor 虚拟化

Hypervisor 是一种运行在物理服务器和操作系统之间的中间软件层，可允许多个操作系统和应用共享一套基础物理硬件，因此，也可以看作虚拟环境中的"元"操作系统，它可以协调访问服务器上的所有物理设备和虚拟机，也叫虚拟机监视器 VMM。

Hypervisor 是所有虚拟化技术的核心。非中断地支持多工作负载迁移的能力是 Hypervisor 的基本功能。当服务器启动并执行 Hypervisor 时，它会给每一台虚拟机分配适量的内存、CPU、网络和磁盘，并加载所有虚拟机的客户操作系统。

常见的 Hypervisor 分两类。

Type-I（裸机型）。指 VMM 直接运作在裸机上，使用和管理底层的硬件资源，Guest OS 对真实硬件资源的访问都要通过 VMM 来完成，作为底层硬件的直接操作者，VMM 拥有硬件的驱动程序。裸金属虚拟化中 Hypervisor 直接管理调用硬件资源，不需要底层操作系统，也可以理解为 Hypervisor 被做成了一个很薄的操作系统。这种方案的性能处于主机虚拟化与操作系统虚拟化之间。代表是 VMware ESX Server、Citrix Xen Server 和 Microsoft Hyper-V、LinuxKVM。

Type-Ⅱ型（宿主型）。指 VMM 之下还有一层宿主操作系统，由于 Guest OS 对硬件的访问必须经过宿主操作系统，因而，带来了额外的性能开销，但可充分利用宿主操作系统提供的设备驱动和底层服务来进行内存管理、进程调度和资源管理等。主机虚拟化中 VM 的应用程序调用硬件资源时需要经过：VM 内核→Hypervisor→主机内核，导致性能是虚拟化技术中最差的。主机虚拟化技术代表是 VMware Server（GSX）、Workstation 和 Microsoft Virtual PC、Virtual Server 等。

由于主机宿主型 Hypervisor 的效率问题，大多数厂商采用了裸机型 Hypervisor 中的 Linux KVM 虚拟化。

1. Hypervisor 实现 CPU 虚拟化的方法。

虚拟机通过 VMM 实现 Guest CPU 对硬件的访问，根据其原理不同有三种实现技术。

（1）基于二进制翻译的全虚拟化。客户操作系统运行在 Ring 1，它在执行特权指令时，会触发异常（CPU 的机制，没权限的指令会触发异常），然后 VMM 捕获这个异常，在异常里面做翻译、模拟，最后返回到客户操作系统内，客户操作系统认为自己的特权指令工作正常，继续运行。正常简单的一条指令，执行完就结束，现在却要通过复杂的异常处理过程，所以，这个性能损耗就非常大。

（2）半虚拟化。半虚拟化的原理是修改 Guest OS 核心中部分代码，植入了 Hypercall（超级调用），从而使 Guest OS 会将与特权指令相关的操作都转换为发给 VMM 的 Hypercall（超级调用），由 VMM 继续进行处理。而 Hypercall 支持的批处理和异步这两种优化方式，使得通过 Hypercall 能得到近似于物理机的速度。

这样，就能让原本不能被虚拟化的命令（nonvirtualizable instructions）可以经过 Hypercall interfaces 直接向硬件提出请求，Guest OS 的部分还是一样在 Ring 0，不用被调降到 Ring 1。

半虚拟化的优点是 CPU 和 I/O 损耗减到最小，理论上性能胜过全虚拟化技术，缺点则是必须要修改 OS 内核才行，只有 SUSE 和 Ubuntu 等少数 Linux 版本才支持，OS 兼容性不佳，因为微软不肯修改自家的操作系统内核，因此，如果是 Windows 系统，就无法使用半虚拟化了。

（3）CPU 硬件辅助虚拟化。Intel 与 AMD 从 CPU 根本架构着手，更改原来的特权等级 Ring 0，1，2，3，将之归类为 Non-Root Mode，又新增了一个 RootMode 特权等级（有人称为 Ring-1），OS 便可以在原来 Ring 0 的等级，而 VMM 则调整到更底层的 Root Mode 等级。

目前主要有 Intel 的 VT-x 和 AMD 的 AMD-V 这两种技术。其核心思想都是通过引入新的指令和运行模式，使 VMM 和 Guest OS 分别运行在不同模式（Root Mode 和 Non-Root Mode）下，且 Guest OS 运行在 Ring 0 下。通常情况下，Guest OS 的核心指令可以直接下达到计算机系统硬件执行，而不需要经过 VMM。当 Guest OS 执行到特殊指令的时候，系统会切换到 VMM，让 VMM 来处理特殊指令。

2．Hypervisor 实现内存虚拟化的方法

内存虚拟化主要有以下三种方法：虚拟内存、影子页表、EPT 技术。

（1）虚拟内存。虚拟机本质上是 Host 机上的一个进程，本可以使用 Host 机的虚拟地址空间，但由于在虚拟化模式下，虚拟机处于 Non-Root Mode，无法直接访问 Root Mode 下的 Host 机上的内存。

VMM 是解决该问题的主要方法，VMM 需要截获虚拟机的内存访问指令，然后模拟 Host 上的内存，相当于 VMM 在虚拟机的虚拟地址空间和 Host 机的虚拟地址空间中间增加了一层，即虚拟机的物理地址空间，也可以看作 QEMU 的虚拟地址空间。

所以，内存软件虚拟化的目标就是要将虚拟机的虚拟地址（GVA）转化为 Host 的物理地址（HPA），中间要经过虚拟机的物理地址（GPA）和 Host 虚拟地址（HVA）的转化，即 GVA→GPA→HVA→HPA。

其中，前两步由虚拟机的系统页表完成，中间两步由 VMM 定义的映射表（由数据结构 KVM memory slot 记录）完成，它可以将连续的虚拟机物理地址映射成非连续的 Host 机虚拟地址，后面两步则由 Host 机的系统页表完成。

可以看到，传统的内存虚拟化方式中虚拟机的每次内存访问都需要 VMM 介入，并由软件进行多次地址转换，其效率是非常低的。因此，才有了影子页表技术和 EPT 技术。

（2）软件内存虚拟化技术。影子页表技术。影子页表简化了地址转换的过程，实现了 Guest 虚拟地址空间到 Host 物理地址空间的直接映射。要实现这样的映射，必须为 Guest 的系统页表设计一套对应的影子页表，然后

将影子页表装入 Host 的 MMU 中，这样，当 Guest 访问 Host 内存时，就可以根据 MMU 中的影子页表映射关系，完成 GVA 到 HPA 的直接映射，而维护这套影子页表的工作则由 VMM 来完成。由于 Guest 中的每个进程都有自己的虚拟地址空间，这就意味着 VMM 要为 Guest 中的每个进程页表都维护一套对应的影子页表，当 Guest 进程访问内存时，才将该进程的影子页表装入 Host 的 MMU 中，完成地址转换。

这种方式虽然减少了地址转换的次数，但本质上还是纯软件实现的，效率还是不高，而且 VMM 承担了太多影子页表的维护工作。

为了改善这个问题，提出了基于硬件的内存虚拟化方式，将这些烦琐的工作都交给硬件来完成，从而大大提高了效率。

（3）硬件辅助的内存虚拟化。EPT 技术，这方面 Intel 和 AMD 走在了最前面，Intel 的 EPT 和 AMD 的 NPT 是硬件辅助内存虚拟化的代表，两者在原理上类似，这里重点介绍一下 EPT 技术。

EPT 在原有 CR3 页表地址映射的基础上引入了 EPT 页表来实现另一层映射，这样，GVA→GPA→HPA 的两次地址转换都由硬件来完成。

内存虚拟化经历从虚拟内存，到传统软件辅助虚拟化，影子页表，再到硬件辅助虚拟化，EPT 技术的进化，从而效率越来越高。

3. Hypervisor 实现 I/O 虚拟化的方法

从处理器的角度看，外设是通过一组 I/O 资源（端口 I/O 或是 MMIO）进行访问的，所以，设备的相关虚拟化被称为 I/O 虚拟化，如外存设备：硬盘、光盘、U 盘；网络设备：网卡；显示设备：VGA（显卡）；键盘鼠标：PS/2、USB。

还有一些如串口设备、COM 口等设备统称 I/O 设备。所谓 I/O 虚拟化就是提供这些设备的支持，其思想就是 VMM 截获客户操作系统对设备的访问请求，然后，通过软件的方式来模拟真实设备的效果。一般 I/O 虚拟化的方式有以下三种。

（1）模拟 I/O 设备。完全使用软件来模拟，这是最简单但性能最低的方式，对于 I/O 设备来说，模拟和完全虚拟化基本相同。VMM 给 Guest OS 模拟出一个 I/O 设备及设备驱动，Guest OS 要想使用 IO 设备需要调内核然后通过驱动访问到 VMM 模拟的 I/O 设备，然后到达 VMM 模拟设备区域。VMM 模拟了这么多设备及 VMM 之上运行了那么多主机，所以，VMM 也提供了一个 I/O Stack（多个队列）用来调度这些 I/O 设备请求到真正的物理 I/O 设备之上。经过多个步骤才完成一次请求。例如 Qemu、VMware Workstation。

（2）半虚拟化。半虚拟化比模拟性能要高，其通过系统调用直接使用 I/O 设备，跟 CPU 半虚拟化差不多，虚拟化明确知道自己使用的 I/O 设备是虚拟出来的而非模拟。VMM 给 Guest OS 提供了特定的驱动程序，在半虚拟化 I/O 中也称为"前端 I/O 驱动"；跟模拟 I/O 设备工作模式不同的是，Guest OS 本身的 I/O 设备不需要处理 I/O 请求了，当 Guest OS 有 I/O 请求时通过自身驱动直接发给 VMM 进行处理，而在 VMM 的这部分设备处理称为"后端 I/O 驱动"。例如 Xen、virtio。

（3）I/O 透传技术。I/O 透传技术（I/O through）比模拟和半虚拟化性能都好，几乎进阶于硬件设备，Guest OS 直接使用物理 I/O 设备，操作起来比较麻烦。其思想就是提供多个物理 I/O 设备，如硬盘提供多块、网卡提供多个，然后规划好宿主机运行 Guest OS 的数量，通过协调 VMM 来达到每个 Guest OS 对应一个物理设备。另外，要想使用 I/O 透传技术，不光提供多个 I/O 设备，还需要主板上的 I/O 桥提供支持透传功能才可以，一般 Intel 提供的这种技术叫 VT-d，是一种基于北桥芯片的硬件辅助虚拟化技术，主要功能是用来提高 I/O 灵活性、可靠性和性能。例如：Intel VT-d。

具体 I/O 设备的虚拟化实现：磁盘虚拟化的方式就是通过模拟的技术实现。网卡的虚拟化方式一般使用模拟、半虚拟化、IO 透传技术都可以，其实现方式根据 VMM 的不同有所不同，一般的 VMM 都会提供所有的方式。显卡虚拟化通常使用的方式叫 frame buffer（帧缓存机制），通过 frame buffer 给每个虚拟机一个独立的窗口去实现。键盘鼠标通常都是通过模拟的方式实现的，通过焦点捕获将模拟的设备跟当前设备建立关联，比如用户使用 Vmware workstation 时把鼠标点进虚拟机后，相当于被此虚拟机捕获了，所有的操作都是针对此虚拟机。

（二）容器虚拟化

容器最初由 LXC（Linux Container）提供，Docker 最初的实现是借助 LXC 来实现，后 Docker 公司自主研发 Libcontanier 代替 LXC。Docker 类似于虚拟机中的 Hypervisor，它集中管理容器的创建、执行、销毁等生命周期，并控制容器与容器之间如何合理地共享 OS 提供的内核服务。Docker 可以被认作为一个框架，这个框架自底向上，提供了一系列方便快捷管理和操作容器的方法。

容器技术即在操作系统层上创建一个个容器，这些容器共享下层的操作系统内核和硬件资源，但是每个容器可单独限制 CPU、内存、硬盘和网络容量，并且拥有单独的 IP 地址和操作系统管理员账户，可以关闭和重启。与虚拟机最大的不同是，容器里不用再安装操作系统，因此，浪费的计算资源也就大大减少了，这样同样一台计算机就可以服务于更多的租户。

Docker 是一个开源的应用容器引擎，让开发者可以打包他们的应用及依赖包到一个可移植的容器中，然后发布到任何流行的 Linux 机器或 Windows 机器上，也可以实现虚拟化，容器是完全使用沙箱机制，相互之间不会有任何接口。

一个完整的 Docker 由以下几个部分组成：Docker Client 客户端，Docker Daemon 守护进程，Docker image 镜像，Docker Container 容器，Docker Repository 仓库。

Docker 引擎可以直观理解为就是在某一台机器上运行的 Docker 程序，实际上它是一个 C/S 结构的软件，有一个后台守护进程在运行，每次运行 Docker 命令的时候实际上都是通过 RESTful Remote API 来和守护进程进行交互的，即使在同一台机器上也是如此。

Docker client 是 Docker 架构中用户用来和 Docker daemon 建立通信的客户端，用户使用的可执行文件为 Docker，通过 Docker 命令行工具可以发起众多管理 container 的请求。Docker client 发送容器管理请求后，由 Docker daemon 接受并处理请求，当 Docker client 接收到返回的请求响应并简单处理后，Docker client 一次完整的生命周期就结束了，当需要继续发送容器管理请求时，用户必须再次通过 Docker 可以执行文件创建 Docker client，Docker daemon 是一个守护进程，它是驱动整个 Docker 的核心引擎。Docker daemon 是 Docker 架构中一个常驻在后台的系统进程，功能是接收处理 Docker client 发送的请求。该守护进程在后台启动一个 server，server 负载接受 Docker client 发送的请求，接受请求后，server 通过路由与分发调度，找到相应的 handler 来执行请求。Docker daemon 启动所使用的可执行文件也为 Docker，与 Docker client 启动所使用的可执行文件 Docker 相同，在 Docker 命令执行时，通过传入的参数来判别 Docker daemon 与 Docker client。

Docker 镜像（image）就是一个只读的模板。镜像可以用来创建 Docker 容器，一个镜像可以创建很多容器。

Docker 容器（Container）是独立运行的一个或一组应用。容器就是镜像创建的运行实例，它可以被启动、开始、停止、删除。每个容器都是相互隔离的，以保证安全的平台。可以把容器看作一个建议的 Linux 环境和运行在其中的应用程序。容器的定义和镜像几乎一模一样，也是一堆层的统一视角，唯一区别在于容器的最上一层是可读可写的。

Docker 仓库（Repository）是集中存放镜像文件的场所。仓库和仓库注册服务器是有区别的。仓库注册服务器上往往存放着很多个仓库，每一个仓库又包含了多个镜像，每个镜像有不同的标签（tag）。仓库分为公开仓库和私有仓库两种形式，最大的公开仓库是 Docker Hub。

Docker 本身是一个容器运行载体或称为管理引擎。我们把应用程序或配置依赖打包好形成一个可交付的运行环境，这个打包好的运行环境就好像 image 镜像文件，只有通过这个镜像文件才能生成 Docker 容器。image 文件可以看作容器的模板。Docker 根据 image 文件生成容器的实例，可以生成多个同时运行的容器实例。

容器技术，在计算机上虚拟出独立的空间，再基于物理计算机的内核给自己用，以下是容器虚拟化技术的优势：容器可以制造一个权限隔离监牢；执行效率高，在计算机系统中只是一个进程，使用方便，效率更高；方便部署，更容易保持运行环境的一致性。

容器产品提供商 Parallels 针对 Linux 和 Windows 操作系统分别推出了两套应用软件容器产品：OpenVZ 和 Parallels Containers for Windows。其中 OpenVZ 是开源的，Windows 版是商用的，最新版 Parallels Containers for Windows 6.0 支持 Windows Server Data Center Edition。

微软目前也推出了两种容器产品：Windows Server Container 和 Hyper-V Container。后者的隔离效果介于容器和虚拟机之间。开源容器项目 Docker 绝对是后起之秀，它受到谷歌公司的大力推崇，发展迅速。

第三节　存储虚拟化

随着存储的需求呈螺旋式向上增长，公司内的存储服务器和阵列都无一例外地随之成倍增长。对于这种存储管理困境的解决办法便是存储虚拟化。存储虚拟化可以使管理程序员将不同的存储作为单个集合的资源来进行识别、配置和管理。存储虚拟化是存储整合的一个重要组成部分，它能减少管理问题，而且能够提高存储利用率，这样，可以降低新增存储的费用。

一、基本概念

权威机构 SNIA（存储网络工业协会）给出的定义："通过将存储系统/子系统的内部功能从应用程序、计算服务器、网络资源中进行抽象、隐藏或隔离，实现独立于应用程序、网络的存储与数据管理。"

存储虚拟化的思想是将资源的逻辑映像与物理存储分开，从而为系统和管理员提供一幅简化、无缝的资源虚拟视图。

对于用户来说，虚拟化的存储资源就像是一个巨大的"存储池"，用户不会看到具体的磁盘、磁带，也不必关心自己的数据经过哪一条路径和通往哪一个具体的存储设备。

从管理的角度来看，虚拟存储池采取集中化的管理，并根据具体的需求把存储资源动态地分配给各个应用。

根据云存储系统的构成和特点，可将虚拟化存储的模型分为三层：物理设备虚拟化层、存储节点虚拟化层、存储区域网络虚拟化层。

（一）物理设备虚拟化层

主要用来进行数据块级别的资源分配和管理，利用底层物理设备创建一个连续的逻辑地址空间，即存储池。根据物理设备的属性和用户的需求，存储池可以有多个不同的数据属性，例如读写特征、性能权重和可靠性等级。

（二）存储节点虚拟化层

可实现存储节点内部多个存储池之间的资源分配和管理，将一个或者多个按需分配的存储池整合为在存储节点范围内统一的虚拟存储池。这个虚拟化层由存储节点虚拟模块在存储节点内部实现，对下管理按需分配的存储设备，对上支持存储区域网络虚拟化层。

（三）存储区域网络虚拟化层

可实现存储节点之间的资源分配和管理，集中地管理所有存储设备上的存储池，以组成一个统一的虚拟存储池。这个虚拟化层由虚拟存储管理模块在虚拟存储管理服务器上实现，以带外虚拟化方式管理虚拟存储系统的资源分配，为虚拟磁盘管理提供地址映射、查询等服务。

存储虚拟化可在三个层次上实现，分别是基于主机的虚拟化、基于存储设备的虚拟化、基于网络的虚拟化。它有两种实现方式，分别是带内虚拟化、带外虚拟化。实现的结果有块虚拟化，磁盘虚拟化，磁带、磁带驱动器、磁带库虚拟化，文件系统虚拟化，文件/记录虚拟化。

存储虚拟化技术将底层存储设备进行抽象化统一管理，向服务器层屏蔽存储设备硬件的特殊性，而只保留其统一的逻辑特性，从而实现了存储系统的集中、统一、方便的管理。

虚拟化存储有多种分类方法，根据在 I/O 路径中实现虚拟化的位置不同，虚拟化存储可以分为主机的虚拟存储、网络的虚拟存储、存储设备的虚拟存储。根据控制路径和数据路径的不同，虚拟化存储分为对称虚拟化、不对称虚拟化。

与传统存储相比，虚拟化存储的优点主要体现在：磁盘利用率高，传统存储技术的磁盘利用率一般只有 30% ~ 70%，而采用虚拟化技术后的磁盘利用率高达 70% ~ 90%；存储灵活，可以适应不同厂商、不同类别的异构存储平台，为存储资源管理提供了更好的灵活性；管理方便，提供了一个大容量存储系统集中管理的手段，避免了存储设备扩充所带来的管理方面的麻烦；性能更好，虚拟化存储系统可以很好地进行负载均衡，把每一次数据访问所需的带宽合理地分配到各个存储模块上，提高了系统的整体访问带宽。

虚拟化技术已经在存储领域得到广泛的应用。各个存储设备厂商也陆续推出了自己的虚拟化存储产品。这些应用包括以下四个。

（1）数据中心。应用虚拟化技术提供计算和存储服务中心、网络管理中心、灾难恢复中心、IT 资源租赁中心等服务。

（2）电信行业。随着产业的发展，电信行业面临两方面的挑战，一方面是降低 IT 架构的成本，另一方面是提高 IT 架构的可用性。虚拟化技术正是解决这些问题的有效办法。

（3）银行证券保险行业。利用虚拟化进行容灾，采取"两地三中心"方案，即生产中心、同城灾备中心、异地灾备中心。同城灾备中心负责一般性灾难的防范，异地灾备中心用来防范大范围的灾难。利用虚拟化技术，可以在统一的虚拟化基础架构中，实现跨数据中心的虚拟化管理。

（4）政府信息系统。政府数据存储系统的建设正受到前所未有的重视。系统利用先进的存储虚拟化技术，建立统一、标准、共享的数据资源存储平台，能够有效地管理庞大、繁多、复杂的数据及相关的设备，提高资源利用率，并建立起全面的数据安全保障体系。

二、实现方式

存储虚拟化的三种实现方法如下。

（一）基于主机的虚拟存储

基于主机的虚拟存储完全依赖存储管理软件，无需任何附加硬件。基于主机的存储管理软件，在系统和应用级上，实现多机间的共享存储、存储资源管理（存储媒介、卷、文件管理）、数据复制和数据迁移、远程备份、集群系统、灾难恢复等存储管理任务。

基于主机的虚拟存储又可以分为数据块以上虚拟层和数据块存储虚拟层。

数据块以上虚拟层（Actualization above Block）。它是存储虚拟化的最顶层，通过文件系统和数据库给应用程序提供一个虚拟数据视图，屏蔽了底层实现。

数据块存储虚拟层（Block Storage Virtualzation）。通过基于主机的卷管理程序和附加设备接口，给主机提供一个整合的存储访问视图。卷管理程序为虚拟存储设备创建逻辑卷，并负责数据块I/O请求的路由。

基于主机的虚拟存储依赖于代理或管理软件，它们安装在一个或多个主机上，实现存储虚拟化的控制和管理。由于控制软件运行在主机上，这就会占用主机的处理时间。因此，这种方法的可扩充性较差，实际运行的性能不是很好。基于主机的方法也有可能影响到系统的稳定性和安全性，因为用户有可能不经意间越权访问到受保护的数据。这种方法要求在主机上安装适当的控制软件，因此，一个主机的故障可能影响整个SAN系统中数据的完整性。软件控制的存储虚拟化还可能由于不同存储厂商软硬件的差异而带来不必要的互操作性开销，所以，这种方法的灵活性也比较差。但是，因为不需要任何附加硬件，所以，基于主机的虚拟化方法最容易实现，其设备成本最低。

（二）基于存储设备的虚拟化

基于存储设备的虚拟存储是存储设备虚拟层管理共享存储资源，并匹配可用资源和访问请求。基于存储设备的虚拟方法目前最常用的是虚拟磁盘。虚拟磁盘是指把多个物理磁盘按照一定方式组织起来形成一个标准的虚拟逻辑设备。虚拟磁盘主要由功能设备、管理器及物理磁盘组成。

功能设备：它是主机所看到的虚拟逻辑单元，可以当作一个标准的磁盘设备使用。

管理器：它通过一系列"逻辑磁道与物理磁道"指针转换表完成逻辑磁盘到物理磁盘卷的间接地址映射。

物理磁盘：它是用于存储的物理设备。虚拟磁盘提供远远大于磁盘实际物理容量的虚拟空间。不管功能磁盘分配了多少空间，如果没有数据写到虚拟磁盘上，就不会占用任何物理磁盘空间。

基于存储设备的存储虚拟化方法依赖于提供相关功能的存储模块。如果没有第三方的虚拟软件，基于存储的虚拟化经常只能提供一种不完全的存储虚拟化解决方案。对于包含多厂商存储设备的 SAN 存储系统，这种方法的运行效果并不是很好。依赖于存储供应商的功能模块将会在系统中排斥 JBODS（简单的硬盘组）和简单存储设备的使用，因为这些设备并没有提供存储虚拟化的功能。当然，利用这种方法意味着最终将锁定某一家单独的存储供应商。

（三）基于网络的虚拟存储

网络虚拟层包括了绑定管理软件的存储服务器和网络互联设备。基于网络的虚拟化是在网络设备之间实现存储虚拟化功能，它将类似于卷管理的功能扩展到整个存储网络，负责管理 Host 视图、共享存储资源、数据复制、数据迁移及远程备份等，并对数据路径进行管理，避免性能瓶颈。

基于网络的虚拟存储可采用对称或非对称的虚拟存储架构。

在非对称架构中，虚拟存储控制器处于系统数据通路之外，不直接参与数据的传输。服务器可以直接经过标准的交换机对存储设备进行访问。虚拟存储控制器对所有存储设备进行配置，并将配置信息提交给所有服务器。服务器在访问存储设备时，不再经过虚拟存储控制器，而是直接使存储设备并发工作，同样达到了增大传输带宽的目的。

非对称结构控制信息和数据走不同的路径，非对称结构性和可扩展性比较好，但安全性不高。

在对称式架构中，虚拟存储控制设备直接位于服务器与存储设备之间，利用运行其上的存储管理软件来管理和配置所有存储设备，组成一个大型的存储池，其中的若干存储设备以一个逻辑分区的形式，被系统中所有服务器访问。

虚拟存储控制设备有多个数据通路与存储设备连接，多个存储设备并发工作，所以，系统总的存储设备访问效率可达到较高水平。

在对称结构中，虚拟存储控制设备可能成为瓶颈，并易出现单点故障；由于不再是标准的 SAN 结构，对称结构的开放性和互操作性差。

基于网络的虚拟化方法是在网络设备之间实现存储虚拟化功能，具体有下面两种方式。

1. 基于互联设备的虚拟化

基于互联设备的虚拟化方法能够在专用服务器上运行，使用标准操作系统，例如 Windows、Sun Solaris、Linux 或供应商提供的操作系统。这种方法运行在标准操作系统中，具有基于主机方法的诸多优势——易使用、设备便宜。许多基于设备的虚拟化提供商也提供附加的功能模块来改善系统的整体性能，能够获得比标准操作系统更好的性能和更完善的功能，但需要更高的硬件成本。

但是，基于设备的方法也继承了基于主机虚拟化方法的一些缺陷，因为它仍然需要一个运行在主机上的代理软件或基于主机的适配器，任何主机的故障或不适当的主机配置都可能导致访问到不被保护的数据。同时，在异构操作系统间的互操作性仍然是一个问题。

2. 基于路由器的虚拟化

基于路由器的方法是在路由器固件上实现存储虚拟化功能。供应商通常也提供运行在主机上的附加软件来进一步增强存储管理能力。在此方法中，路由器被放置于每个主机到存储网络的数据通道中，用来截取网络中任何一个从主机到存储系统的命令。由于路由器潜在地为每一台主机服务，大多数控制模块存在于路由器的固件中，相对于基于主机和大多数基于互联设备的方法，这种方法的性能更好、效果更佳。由于不依赖在每个主机上运行的代理服务器，这种方法比基于主机或基于设备的方法具有更好的安全性。当连接主机到存储网络的路由器出现故障时，仍然可能导致主机上的数据不能被访问。但是只有连接于故障路由器的主机才会受到影响，其他主机仍然可以通过其他路由器访问存储系统。路由器的冗余可以支持动态多路径，这也为上述故障问题提供了一个解决方法。由于路由器经常作为协议转换的桥梁，基于路由器的方法也可以在异构操作系统和多供应商存储环境之间提高互操作性。

第四节　网络虚拟化

网络虚拟化就是在一个物理网络上模拟出多个逻辑网络。

最初的网络虚拟化起源于 VLAN，它是一个局域网技术，能够将一个局域网的广播域隔离为多个广播域，常被用来实现一个站点内不同部门间的隔离。

VLAN 的出现在很大程度上就是为了解决泛洪问题。

VPN 被定义为通过一个公用网络（通常是因特网）建立一个临时的、安全的连接，它是一条穿过混乱的公用网络的安全、稳定隧道。使用这条隧道可以对数据进行几倍加密，达到安全使用互联网的目的。VPN 的出现解决了多个站点间跨越 Internet 进行通信的问题，这些通信数据是不允许暴露在公网上的。因此，各种 VPN 类技术极大地推动了网络虚拟化的发展。

网络虚拟化可以帮助保护 IT 环境，防止来自 Internet 的威胁，同时，使用户能够快速安全地访问应用程序和数据。以 VLAN 为起源，依赖于 VPN 的发展，这些传统的网络虚拟化技术经过多年的考验，已经成为网络业务的支撑性技术。

一、基本概念

（一）VM 虚拟交换

VMware 虚拟网络是指通过 VMware 虚拟技术生成的网络，它主要由六个部分组成：虚拟主机、虚拟交换机、虚拟网桥、虚拟 NAT 设备、虚拟 DHCP 服务器、虚拟网卡。其中，虚拟交换机和实际物理交换机一样，可以将不同的网络连接起来。VMware 可以根据需要创建虚拟交换机，并可以将多个虚拟机连接到同一个虚拟交换机上。对于虚拟网络的配置，既可以在安装过程中进行设置，也可以在安装后进行配置。

VMware 为虚拟机的网络配置提供了四种不同的模式：网络地址转换模式（NAT）、桥接模式（Bridged）、主机模式（Host-Only）和定制模式（Custom）。VMware 虚拟交换机有特殊的命名规则，格式为 VMnet＋交换机编号，并且默认有不同类型的网络和其相关联。

（二）云数据中心的网络虚拟化

云计算环境下的网络虚拟化主要需要解决端到端的问题，问题分为以下情况。

在服务器内部，随着越来越多的服务器被虚拟化，网络已经延伸到 Hypervisor 内部，网络通信的端已经从以前的服务器变成了运行在服务器中的虚拟机，数据包从虚拟机的虚拟网卡流出，通过 Hypervisor 内部的虚拟交换机，再经过服务器的物理网卡流出到上联交换机。在整个过程中，虚拟交换机、网卡的 I/O 问题及虚拟机的网络接入都是研究的重点。

云数据中心的网络交换需要将物理网络和逻辑网络有效地分离，满足云计算多租户，它具有按需服务的特性，同时，具有高度的扩展性。

在云计算数据中心网络中，"大二层"的应用越来越广，交换技术成为主要技术。

链路虚拟化：利用 VMDQ 技术，可以给虚拟机的虚拟网卡分配一个单独的队列，这是实现 VM 直通的基础。

SR-IOV：PCIe 的虚拟多设备技术。

叠加网络：使用 VXLAN，实现虚拟网络与物理网络的解耦。

虚拟交换：软件实现的虚拟交换、虚拟机流量的控制、安全隔离等。

虚拟交换技术分为以下两种：

vSwitch（virtual Switch）：在服务器 CPU 上实现以太二层虚拟交换的功能，包括虚拟机交换、QoS 控制、安全隔离等。

eSwitch（embedded Switch）：在服务器网卡上实现以太网二层虚拟交换的功能，包括虚拟机交换、QoS 控制、安全隔离等。

数据中心传统的虚拟化做法是 VLAN＋xSTP＋自学习，VLAN 负责隔离，xSTP 负责拓扑整合，自学习负责转发，三者贯穿于传统数据中心的二层网络。不过三者各有各的问题：VLAN 虽然简单成熟，但作为虚网的标签可用的只有 4094 个；自学习要依靠泛洪这种极度浪费资源的行为在二层网络探路，而且汇聚/核心层设备 MAC 地址表压力太大；xSTP 更是老大难的问题收敛慢、规模受限、链路利用率低、配置复杂等，还要考虑如何与其他二层协议配合设计。

（三）服务器内部（网络 I/O 虚拟化）的虚拟化

全虚拟化网卡：虚拟化层完全模拟出来的网卡。在 KVM 中，默认情况下，网络设备是由 QEMU 在 Linux 的用户空间模拟出来提供给虚拟机的。这样做的好处是可以模拟很多种类型的网卡，但是，网络 I/O 需要虚拟化引擎参与，产生了大量的 VM exit/VM entry，效率低下。

半虚拟网卡：半虚拟化 Guest OS 知道自己是虚拟机，通过 Frontend/Backend 驱动模拟实现 IO 虚拟化。透传就是直接分配物理设备给 VM 用。

Virtio 是一种半虚拟化的设备抽象接口规范。Virtio 负责对虚拟机提供统一的接口，也就是说，在虚拟机里面的操作系统，统一加载 virtio 驱动就行。在虚拟机外，可以实现不同的 virtio 的后端，适配不用的硬件设备（比如存储设备、网络设备）。

（四）网络设备虚拟化

大二层网络的应用越来越广，面对着越来越大的流量压力和被迫闲置的链路带宽，隧道技术出现了，它逐渐代替了"VLAN＋xSTP＋自学习"的铁三角，成为了热门的新一代数据中心网络技术。

隧道技术属于数据平面的虚拟化。隧道技术对二层帧进行再封装，把底层网络当作"大二层交换机"的背板走线，底层网络可达之处便是二层网络可及之处，在组网的物理位置上提供了几乎无限的可扩展性。隧道技术种类多种多样，从技术发展和市场趋势来看，数据中心隧道的部署历经四代，逐步朝着"隧道下沉"的趋势演进。

第一代隧道部署位于数据中心间的互连，部署在数据中心核心层出口 PE 上，实际上就是 VPN 技术的应用。为了实现跨 DC 的二层网络，往往使用 L2 VPN，以 VPIS 作为代表技术。隧道终结于 DC 边缘，DC 内部为纯二层环境，通过 STP 组网，或者使用堆叠/虚拟机框技术。第一代隧道技术，应用部署非常成熟，其问题在于：内部仍为 VLAN 组网，受到租户数量的限制；VPLS 技术开通复杂，可扩展性差，没有针对 DC 间流量的优化。

第二代隧道部署，表现在 DC 间互联隧道从核心层下移到汇聚层，以

OTV 为代表。针对第一代中 VPLS 类技术的缺陷进行了优化，主要包括 ARP 代理、未知流量抑制、出/入向流量路径优化、多宿主双活等。数据中心内部仍使用 STP/堆叠/虚拟机框＋VLAN 组网。

第三代隧道部署，表现在数据中心内部通过隧道优化二层传输，代表技术为 TRILL/SPB，部署在接入/汇聚交换机上。相比于堆叠/虚拟机框，TRILL/SPB 具有更好的选路智能，二层可扩展性显著提高，不过可能需要代替掉数据中心原有的交换设备。这种部署下，DCI 设备模拟的是 TRILL/SPB 域中连接不同 DC 中边缘 RB/BCB 的二层点对多点互连，它能看到的 MAC 地址是 RB/BCB 的 MAC 地址，由于两者都使用了二层的控制协议进行地址学习而非传统的二层自学习，设备的行为也与传统以太网设备有所区别。要配合 OTV/EVN 这类 DCI 技术使用，则需要在相应的 TRILL、SPB 网关上进行终结，使得 OTV/EVN 能够发挥自身的特性。当然要是两个域离得不远，比如说一个大楼一个域，那么 TRILL 本身也是可以作为 DCI 技术使用的。

第四代隧道部署中，隧道设备将与虚拟机直连，部署在物理接入交换机上甚至服务器内部的 HyperVisor 中，形成二层端到端的隧道，代表技术为 VxLAN。这类技术在接入设备上打隧道，将 IP 的智能用于传输，可扩展性无限。同时，这种部署对传输设备透明，对现网的改造最小甚至能够做到零改造，而且基于应用层的封装也能任意地进行语意的扩展。不过，在获得现有设备便利的同时，也意味着传输网络上的选路智能难以做到像 TRILL/SPB 一样的控制。这种部署方式中，由于中间的 underlay 网络是 IP，因此，通过 MPLS/BGP VPN 这类 L3 VPN 做 DCI 是可以的。当然 VxLAN 的 DCI 也可以通过 VxLAN 网关来实现，这需要将一个二层的端到端 VxLAN 隧道拆成三端。

总之，第一代的部署方式相对陈旧，基本已经为后续方式所代替。后面的三代技术，以第二代 OTV＋VSS 组网方式最为成熟，它的运维经验非常丰富。

（五）网络多虚一技术

最早的网络多虚一技术的代表是交换机集群 Cluster 技术，多以盒式小交换机为主，当前数据中心里面已经很少使用。新的技术则主要分为两个方向，控制平面虚拟化与数据平面虚拟化。

1. 控制平面虚拟化

控制平面虚拟化是将所有设备的控制平面合而为一，只有一个主体去处理整个虚拟交换机的协议处理、表项同步等工作。从结构上来说，控制平面虚拟化又可以分为纵向与横向虚拟化两种方向。

纵向虚拟化指不同层次设备之间通过虚拟化合多为一，相当于将下游交换机设备作为上游设备的接口扩展而存在，虚拟化后的交换机控制平面和转发平面都在上游设备上，下游设备只有一些简单的同步处理特性，报文转发也都需要上送到上游设备进行。可以理解为集中式转发的虚拟交换机。

横向虚拟化多是将同一层次上的同类型交换机设备虚拟合一，控制平面纵向工作，这些都由一个主体去完成，但转发平面上所有的机框和盒子都可以对流量进行本地转发和处理，是典型分布式转发结构的虚拟交换机。

控制平面虚拟化从一定意义上来说是真正的虚拟交换机，能够同时解决统一管理与接口扩展的需求问题，但是服务器多虚一技术目前无法做到所有资源的灵活虚拟调配，而只能基于主机级别，当多机运行时，协调者的角色（等同于框式交换机的主控板控制平面）对同一应用来说，只能主备，无法做到负载均衡。网络设备虚拟化也同样如此，以框式设备举例，不管以后能够支持多少台设备虚拟合一，只要不能解决上述问题，从控制平面处理整个虚拟交换机运行的物理控制节点主控板都只能以一块为主，其他都是备份角色（类似于服务器多虚一中的 HA Cluster 结构）。

总而言之，虚拟交换机支持的物理节点规模永远会受限于此控制节点的处理能力。三层 IP 网络多路径已经有等价路由可以使用，二层 Ethernet 网络的多路径技术在 TRILL/SPB 使用之前只有一个链路聚合，所以只做 VPC。

2. 数据平面虚拟化

数据平面的虚拟化主要有 TRILL 和 SPB。两个协议都是用 L2 ISIS 作为控制协议在所有设备进行拓扑路径计算，转发的时候会对原始报文进行外层封装，以不同目的 Tag 在 TRILL/SPB 区域内部进行转发。对外界来说，可以认为 TRILL/SPB 区域网络就是一个大的虚拟交换机，Ethernet 报文从入口进去后，完整地从出口吐出来，内部的转发过程对外是不可见且无意义的。

这种数据平面虚拟化多合一已经是广泛意义上的多虚一，此方式在二层 Ethernet 转发时可以有效地扩展规模范围，作为网络节点的 N 虚一来说，控制平面虚拟化目前 N 还在个位到十位数范围，数据平面虚拟化的 N 已经可以轻松达到百位的范畴。但其缺点也很明显，引入了控制协议报文处理，增加了网络的复杂度，同时，由于转发时对数据报文多了外层头的封包解包动作，降低了 Ethernet 的转发效率。

从数据中心当前发展来看，规模扩充是首位的，带宽增长也是不可动摇的，因此，在网络多虚一方面，控制平面多虚一的各种技术除非能够突破控制层多机协调工作的技术枷锁，否则，只有在中小型数据中心里面刨食的份儿了，后期真正的大型云计算数据中心势必属于 TRILL/SPB 此类数据平面多虚一技术的天地。

（六）网络一虚多技术

网络一虚多，从 Ethernet 的 VLAN 到 IP 的 VPN 都是大家耳熟能详的成熟技术，FC 里面也有对应的 VSAN 技术。此类技术的特点就是在转发报文里多插入一个 Tag，供不同设备统一进行识别，然后对报文进行分类转发。例如，只能手工配置的 VLAN ID 和可以自协商的 MPLS Label。传统技术都是基于转发层面的，虽然在管理上也可以根据 VPN 进行区分，但是 CPU/转发芯片/内存这些基础部件都是只能共享的。

对于网络一虚多，服务器网卡的 IO 虚拟化技术 SR-IOV 是比较重要的。单根虚拟化 SR-IOV 是由 PCI SIG Work Group 提出的标准，Intel 已经在多款网卡上提供了对此技术的支持，Cisco 也推出了支持 IO 虚拟化的网卡硬件 Palo。

Palo 网卡同时能够封装 VN-Tag，用于支撑其 FEX＋VN-Link 技术体系。

SR-IOV 就是要在物理网卡上建立多个虚拟 IO 通道，并使其能够直接一一对应到多个 VM 的虚拟网卡上，用以提高虚拟服务器的转发效率。具体说是对进入服务器的报文，通过网卡的硬件查表取代服务器中间 Hypervisor 层的 vSwitch 软件查表并进行转发。另外，在理论上，SR-IOV 只要添加一块转发芯片，应该可以支持 VM 本地交换（其实就是个小交换机），但个人目前还没有看到实际产品。SR 里的 Root 是指服务器中间的 Hypervisor，单根就是说目前一块硬件网卡只能支持一个 Hypervisor。有单根就有多根，多根指可以支持多个 Hypervisor。

SR-IOV 只定义了物理网卡到 VM 之间的联系，而对外层网络设备来说，如果想识别具体的 VM 上的虚拟网卡 vNIC，则还要在物理网卡到接入层交换机之间定义一个 Tag 以区分不同 vNIC。此时，物理网卡提供的就是一个通道作用，可以帮助交换机将虚拟网络接口延伸至服务器内部对应到每个 vNIC。

目前最新的一虚多技术就是 Cisco 实现的 VDC，和 VM 一样可以建立多个 VDC 并将物理资源独立分配，目前的实现是最多可建立 4 个 VDC，其中还有一个是做管理的，是通过 OS-Level 虚拟化实现的。

（七）SDN 技术

随着 IaaS 的发展，数据中心网络对网络虚拟化技术的需求将会越来越强烈。SDN 出现不久后，SDN 初创公司 Nicira 就开发了网络虚拟化产品 NVP。Nicira 被 VMware 收购之后，VMware 结合 NVP 和自己的产品 vCloud Networking and Security（vCNS），推出了 VMware 的网络虚拟化和安全产品 NSX。NSX 可以为数据中心提供软件定义化的网络虚拟化服务。由于网络虚拟化是 SDN 早期少数几个可以落地的应用之一，所以，大众很容易将网络虚拟化和 SDN 弄混淆。SDN 不是网络虚拟化，网络虚拟化也不是 SDN。正如前面所说，网络虚拟化只是一种网络技术，而基于 SDN 的网络架构可以更容易地实现网络虚拟化。

SDN 是一种集中控制的网络架构，可将网络划分为数据层面和控制层面。而网络虚拟化是一种网络技术，可以在物理拓扑上创建虚拟网络。通过集中控制的方式，网络管理员可以通过控制器的 API 来编写程序，从而实现自动化的业务部署，大大缩短业务部署周期，同时，也实现随需动态调整。

通过 SDN 实现网络虚拟化需要完成物理网络管理、网络资源虚拟化和网络隔离三部分工作。而这三部分内容往往通过专门的中间层软件完成，称为网络虚拟化平台。虚拟化平台需要完成物理网络的管理和抽象虚拟化，并分别提供给不同的租户。此外，虚拟化平台还应该实现不同租户之间的相互隔离，保证不同租户互不影响。虚拟化平台的存在使得租户无法感知到网络虚拟化的存在，即虚拟化平台可实现用户透明的网络虚拟化。

（八）网络虚拟化的未来发展预测

网络虚拟化技术必定会成为网络技术发展的重中之重，谁能占领制高点谁就能引领数据中心网络的前进。

1. VM 虚拟交换

最终将会出现硬件交换机进入服务器内部的结果，随着交换机芯片价格越来越便宜，芯片集成度越来越高，可以将交换机转发芯片集成到网卡上，或者直接集成到宿主机主板上。

2. 云存储方面

FCoE 基于 Ethernet 带宽方面的优势，吸收了两者的长处，号称当代最伟大的万兆，具有不丢包、低延时、无损耗的特性。因此，FCoE 将会逐步取代 FC，使后端的存储网络和前端数据网络彻底融合，进一步简化网络结构，降低组网成本。

3. 二层交换虚拟化

TRILL 将会成为主流，在后续巨型数据中心内，基于 IP 层面的交换会导致传输效率降低和部署复杂度提升，因此仍然会以 Ethernet 技术为主，而 TRILL 是最有发展前景的公共标准。各个厂商的私有技术只能在小规模数据中心内有所应用。

4. 设备一虚多

服务器建 VM 是为了把物理服务器空余的计算能力全都利用上，而在云计算数据中心里，网络设备的接口密度和性能可以是无限扩展的，因此，网络设备一虚多技术应该不是未来的方向。

5. 设备多虚一

通过各个层次上的网络设备的多虚一，可以优化组网的逻辑结构，简化设计和管理，同时解决二层多路径等问题，提高接入带宽和上行带宽。设备多虚一技术的优点很多，但是它的进一步发展，取决于交换机主控芯片的性能提升情况。

6. SDN

ICT 产业把 SDN 当作 IT 产业向网络领域延伸的重要呈现，即软件定义一切 SDN 技术与应用发展尚处起步阶段，最近几年可能会在 IDC、校园、公司内部网络先行使用。不久之后，SDN 的领域可能往传输网路、云端服务、无线通信等各个相关领域延伸。

二、实现方式

（一）虚拟交换机

虚拟化的环境中，在主机内部，各虚拟机通过模拟物理功能的虚拟交换机 vSwitch 相互通信，虚拟机和外界通信则是通过虚拟交换机捆绑的上联物理网卡来进行。这种纯软件实现的交换机功能的控制平面位于主机上，同时主机还负责数据平面。通过虚拟交换机，管理员可以灵活创建端口和端口组、网卡捆绑和 vLan 划分等配置。VMware 标准交换机提供流量调整功能，管理员可对端口设置平均带宽、峰值带宽和突发流量。在方物虚拟化的标准交换机中，管理员还可以对端口组设置最小带宽。

（二）分布式虚拟交换机

在 VMware vCenter Server 或者是方物的 vCenter 中均可以创建分布式交换机。分布式虚拟交换机可以带来的好处有两点：一是分布式交换机为虚拟交换管理提供了集中化的控制平面，可简化虚拟机网络连接的部署、管理和监控；二是虚拟机跨主机迁移时可保持网络运行状态，可提供更为高级的功能，比如网络 I/O 控制、负载平衡和分布式端口组等。

（三）网卡绑定

网卡捆绑又称绑定和组合等，它将主机上的多个物理网卡组合成单一的逻辑链路，为虚拟交换机提供带宽聚合和冗余性，可以在捆绑后实现负载平衡、故障检测、恢复、切换等设置。在方物虚拟化标准中，网卡绑定的主备模式可抵御网卡故障风险，负载均衡模式可在确保在网卡冗余的基础之上，均衡地将负载分担到多块网卡之上，保障虚机稳定高效使用网络。

（四）单根虚拟化 SR-IOV

服务器虚拟化运用逐步深入，在有些场景下，网络可能成为性能瓶颈。单根虚拟化可将 I/O 设备的统管理程序模拟功能卸载到专业化硬件和设备驱动器上。利用物理网卡的 VF 功能，SR-IOV 允许管理程序将虚拟功能映射到 VM 上，以实现本机设备性能和隔离安全。这种技术可降低网络功能对计算的消耗，在网络流量方面，该技术的网络功能能接近于物理功能出来的效果。

（五）VEPA

传统虚拟环境下，同一物理节点的不同虚拟机之间的流量发送是由虚拟交换机直接处理的，并不会发自物理网口。虚拟以太端口汇聚器（VEPA），采用 VEPA 方式，虚拟机内部之间流量不再由本地虚拟交换机处理，而是被强制发往物理网卡外部，由网卡上联的 VEPA 交换机接收处理后才发送回来。这种方式下，所有虚拟机流量被重新导向了上联物理交换机，用户可以轻松地以传统管理方式，在修改后的物理交换机上实现流量统计、安全控制管理，减少物理节点宝贵的 CPU 资源，CPU 资源不必浪费在简单的网络 I/O 层面，提升效率。

（六）SDN

SDN 强调网络的控制平面和数据平面分离，将复杂的网络进行具体细化的抽离，使之具有可扩展性和可编程性等。

虚拟化平台是介于数据网络拓扑和租户控制器之间的中间层。面向数据平面，虚拟化平台就是控制器，而面向租户控制器，虚拟化平台就是数据平面。所以，虚拟化平台本质上具有数据平面和控制层面两种属性。在虚拟化的核心层，虚拟化平台需要完成物理网络资源到虚拟资源的虚拟化映射过程。面向租户控制器，虚拟化平台充当数据平面角色，将模拟出来的虚拟网络呈现给租户控制器。从租户控制器上往下看，只能看到属于自己的虚拟网络，而并不了解真实的物理网络。而在数据层面的角度看，虚拟化平台就是控制器，而交换机并不知道虚拟平面的存在。所以，虚拟化平台的存在实现了面向租户和面向底层网络的透明虚拟化，其管理全部的物理网络拓扑，并向租户提供隔离的虚拟网络。

虚拟化平台不仅可以实现物理拓扑到虚拟拓扑"一对一"的映射，也应该能实现物理拓扑"多对一"的映射。而由于租户网络无法独占物理平面的交换机，所以，本质上虚拟网络实现了"一虚多"和"多虚一"的虚拟化。此处的"一虚多"是指单个物理交换机可以虚拟映射成多个虚拟租户网中的逻辑交换机，从而被不同的租户共享；"多虚一"是指多个物理交换机和链路资源被虚拟成一个大型的逻辑交换机，即租户眼中的一个交换机可能在物理上由多个物理交换机连接而成。

目前，SDN 代表性的协议和技术为 VXLAN 和 OpenFlow。VXLAN 是一项多厂商支持的网络虚拟化技术，在摒弃传统二层网络内在的扩展问题的基础上，可供组建大规模的二层网络。采用类似 VLAN 的封装技术封装二层网络帧，可经由三层网络转发。从一个虚拟机的角度，无论物理主机的 IP 子网和 VLAN 划分如何，VXLAN 都可以使虚拟机部署在任何位置的任何主机上。

OpenFlow 的核心思想可以抽象出一个网络操作系统，它可屏蔽底层网络设备的具体细节，同时还为上层应用提供了统一的管理视图和编程接口。基于网络操作系统这个平台，用户可以开发各种应用程序，通过软件来定义逻辑上的网络拓扑，以满足对网络资源的不同需求，而无需关心底层网络的物理拓扑结构。

第五节　桌面虚拟化

桌面虚拟化的技术出现得比较早，简单地将桌面虚拟化技术分为以下三个阶段。

0.5 代技术：是用于 PC 上的桌面系统之上的虚拟化解决方案，其本身解决的是操作系统的安装环境与运行环境的分离，不依赖于特定的硬件。主要有以下四种：多用户形态、Windows 下的硬盘分区、桌面虚拟化协议和桌面操作系统虚拟化。

第一代桌面虚拟化技术：将远程桌面的远程访问能力与虚拟操作系统结合起来，把后台服务器桌面虚拟化，同时让用户能够通过各种手段，在任何时间、任何地点，通过任何可联网设备都能够访问到自己的桌面。

第二代桌面虚拟化技术：为了提高管理性，第二代桌面虚拟化技术进一步将桌面系统的运行环境与安装环境拆分，将应用与桌面进行拆分，将配置文件进行拆分，从而大大降低了管理复杂度与成本，提高了管理效率。

这样做方便运维人员集中管理，并且大大节约了采购和维护成本。

首先，第二代桌面虚拟化技术由于采用高级的位图流传输协议，可以传输图片。其次，解决了视频音频等的重定向问题，传输到客户端的不只是桌面的图像，还有声音。最后，第二代技术支持 U 盘等文件存储，可以将文件下载到本地。

一、 基本概念

桌面虚拟化是指将计算机的终端系统（也称作桌面）进行虚拟化，以达到桌面使用的安全性和灵活性。可以通过任何设备，在任何地点、任何时间通过网络访问属于我们个人的桌面系统。

桌面虚拟化依赖于服务器虚拟化，在数据中心的服务器上进行服务器虚拟化，生成大量的、独立的桌面操作系统（虚拟机或者虚拟桌面），同时，根据专有的虚拟桌面协议发送给终端设备。用户终端通过以太网登录到虚拟主机上，只需要记住用户名和密码及网关信息，即可随时随地通过网络访问自己的桌面系统，从而实现单机多用户。

桌面虚拟化技术的价值如下。

（一）更灵活的访问和使用

随着网络的发展，虚拟桌面技术带来的直接好处就是用户对桌面的访问不需要被限制在具体设备、具体地点和具体时间上。我们通过任何一种满足接入要求的设备，就可以访问自己的桌面。

（二）更广泛与简化的终端设备支持

在虚拟桌面的推动下，未来的企业 IT 可能会更像一个电视网络，变得更加灵活、易用。我们可以使用各种设备，像看电视和选台一样去访问桌面或者应用。

（三）终端设备采购和维护成本大大降低

这种 IT 架构的简化，带来的直接好处就是终端设备的采购成本降低。另外，现有的 PC 系统也可以大大延长其使用周期，只要外设可用，就可以转化为普通终端，间接降低了电子垃圾的产生数量。

（四）集中管理，统一配置，使用安全

由于计算发生在数据中心，所有桌面的管理和配置都在数据中心进行，管理员可以在数据中心对所有桌面和应用进行统一配置和管理。由于传递的只是最终运行图像，所有的数据和计算都发生在数据中心，则机密数据

和信息不需要通过网络传递，增加了安全性。另外，这些数据也可以通过配置不允许被下载到客户端，保证用户不会带走、传播机密信息。

（五）降低耗电，节能减排

使用桌面虚拟化技术，一年的电费也会降低 90%左右。需要强调的是，桌面虚拟化的优势是具有典型规模效应的，终端数量越多，上述的收益和优势越突出。

二、实现方式

目前市场上已经有 VMware Horizon Viewer、Citrix Xen Desktop 和微软 VDI 方案等成熟的商业解决方案，但是价格不菲，不是所有企业都能接受的。近几年，随着 KVM 虚拟化技术逐渐成熟，很多桌面虚拟化解决方案开始以 KVM 为虚拟化引擎。

桌面虚拟化用户的桌面操作系统集中运行在服务器端，服务器端应用VM-ware、Xen、KVM 和 Typer-V 等虚拟化技术，在一台物理服务器上运行多个桌面操作系统。而用户使用 PC、瘦客户端等终端设备，通过 ICA、RDP、PCoIP 和 SPICE 等远程访问协议连接到桌面操作系统。由此可见，虚拟化技术和远程访问协议是 VDI 的两大核心技术。

提供桌面虚拟化解决方案的主要厂商包括微软、VMware、Citrix，而使用的远程访问协议主要利用以下三种协议。

第一种是 RDP 协议，早期由 Citrix 开发，后来被微软购买并集成在Windows 中的 RDP 协议，这种协议被微软桌面虚拟化产品使用，而基于VMware 的 Sun Ray 等硬件产品，也都是使用 RDP 协议。

第二种就是 Citrix 自己开发的独有的 ICA 协议，Citrix 将这种协议使用到其应用虚拟化产品与桌面虚拟化产品中。

第三种是加拿大的 Teradici 公司开发的 PCoIP 协议，用于 VMware 的桌面虚拟化产品，可以提供高质量的虚拟桌面用户体验。

这三家厂商后台的服务器虚拟化技术，微软采用的是 Hyper-v，VMware使用的是自己的 vSphere，Citrix 可以使用 XenServer、Hyper-v 和 vSphere。

（一）KVM 桌面虚拟化

KVM 是 Kernel Virtual Machine 的简写，目前 Red Hat 只支持在 64

位的 RHEL 5.4 及以上的系统运行 KVM，同时，硬件需要支持 VT 技术。KVM 的前身是 QEMU，被 Red Hat 公司收购并获得一项 hypervisor 技术，不过 Red Hat 的 KVM 被认为是未来 Linux hypervisor 的主流，准确来说，KVM 仅仅是 Linux 内核的一个模块。管理和创建完整的 KVM 虚拟机，需要更多的辅助工具。

KVM 是 Linux 自带的一款优秀虚拟化软件，和 Xen 都是开源的，所以很多中小企业选择 KVM 搭建自己的云平台。

KVM 代表基于内核的虚拟机，致力于与内核本身进行深度集成，比主要存在于用户空间（User Space）中的虚拟机管理程序在性能上更有优势。

KVM 是开源生态系统中唯一与特定商业利益集团没有关联的主要的虚拟机管理程序。Xen 也是免费的、开源的，但是它归思杰所有。虽然 Virtual Box 代码大部分是开放的，但是一些代码是专有的，属于甲骨文，而 VMware 实际上就是闭源。

在 virt-manager 等工具的帮助之下，建立一个 KVM 虚拟机，运行作为访客系统的 Windows、Linux 或其他各种操作系统，快捷又简单。KVM 是轻量级的虚拟机，资源消耗比 VM 低，但是性能有限。

（二）Citrix 桌面虚拟化

Citrix Xen Server 是领先的虚拟化管理平台，针对应用程序、桌面和服务器虚拟化基础架构进行了优化。在 Xen Server 上整合和控制工作量使得任何垂直或任何规模的企业均能够改造其业务 IT 计算基础架构。

Citrix Xen Desktop 是一套桌面虚拟化解决方案，可将 Windows 桌面和应用转变为一种按需服务，向任何地点、使用任何设备的任何用户交付。使用 Xen Desktop，不仅可以安全地向 PC、Mac、平板设备、智能电话、笔记本电脑和瘦客户端交付单个 Windows、Web 和 SaaS 应用或整个虚拟桌面，而且可以为用户提供高清体验。

Citrix XenApp 是一款按需应用交付解决方案，允许在数据中心对任何 Windows 应用进行虚拟化、集中保存和管理，然后随时随地通过任何设备按需交付给用户。

AppDNA 应用测试、纠错和打包、实现应用的轻松迁移部署。

XenClient 支持在移动和离线的状态下轻松使用虚拟桌面。

Citrix Receiver 可支持几乎所有类型的客户端，包括 Windows、Mac、

Linux 台式机和笔记本；瘦客户端及最新的 iOS、Android、RIM 和 webOS 平板电脑及智能电话。通过支持集中化和虚拟化基础架构，Citrix Receiver 可帮助 IT 部门有效提升用户体验，同时，提供足够的安全性和可扩展性，来确保全面的数据、应用和桌面支持。

VDI-in-a-Box 是专为帮助桌面 IT 部门更简单、自动而且经济高效地完成虚拟桌面管理，为用户交付出色的体验而设计的。

GoToMyPC 远程安全地访问用户的 Mac 或 PC。

（三）Hyper-V 桌面虚拟化

Hyper-V 是微软的一款虚拟化产品，是微软第一个采用类似 VMware 和 Citrix 开源 Xen 的基于 Hypervisor 的技术。Hyper-V 是微软提出的一种系统管理程序虚拟化技术，能够实现桌面虚拟化。

Hyper-V 的定位更多偏向于服务器虚拟化，除了系统部署配置外，在正常运行的情况下，一般无需长期直接在这个控制台连接到虚拟机上进行操作，为系统保留更多的资源。只要服务器配置强劲，可以在 Hyper-V 创建更多的虚拟桌面会话主机或服务器，用于发布和后台服务。Hyper-V 的管理器就如同一台隐形的机柜，机柜中放置一组各式的服务器，平常没什么大问题时都可以利用远程桌面连接来调试服务器。

（四）VMware 虚拟化桌面

VMware VDI 的优势源自 VMware 服务器虚拟化的成功，并已被 IT 业界验证。在 VDI 中，ESX Server 包含的不是一系列虚拟服务器，而是虚拟桌面，每个 VM 都是使用用户的操作系统和应用程序载入或动态供应的。它拥有熟悉的用户体验。这是一个 VMware 的解决方案，而不是一种产品，因为它涉及使用虚拟化提供虚拟桌面给使用者。

VMware VDI 易于管理，它集成了 VMware Infrastructure 3 和 VMware Virtual Desktop Manager 2，通过管理在数据中心上运行的多个 PC 系统，并安全灵活地分发给客户端使用。

典型的 VMware VDI 环境包括以下三个组件：VMware Infrastructure 3、VM-ware Virtual Desktop Manager、客户端。此外，要运行 VMware Virtual DesktopManager 软件，还需要有 Microsoft Active Directory。

运行 VMware VDI 的同时，可以使用 VDM，它是一种企业级桌面管理服务器，可以安全地将用户连接到数据中心的虚拟桌面，并提供易于使用的基于 Web 的界面来管理集中的环境。企业可以在位于中央数据中心的虚拟机内部运行桌面。使用 VMware Virtual Desktop Manager 连接代理，用户可通过远程显示协议（如 RDP）从 PC 或瘦客户端远程访问这些桌面。

使用 VMware VDI 既可以对企业资产进行严格的控制，又可以简化桌面管理。这一综合性的桌面虚拟化解决方案可以使用户通过数据中心对虚拟机进行管理，从而取代传统的 PC 机。

VDI 是一种基于服务器的计算技术，但是与终端服务或共享应用程序解决方案相比，它有以下优点：①与应用程序共享技术不同的是，在集中式服务器上运行的 VMware VDI 桌面是完全独立的，这有助于阻止对桌面映像进行未经授权的访问，并同时提高可靠性。②使用虚拟机模板和自动部署功能可以轻松地部署 VMware 桌面，而且无须更改应用程序，用户只需通过远程连接即可访问同一桌面。③公司可以利用 VMware Infrastructure 3 组件（如 VMware Consolidated Backup）和共享存储来提供终端服务解决方案，目前无法提供桌面灾难恢复功能。④VMware VDI 仍享有基于服务器的计算技术所能带来的一些引人注目的好处，包括简化桌面管理及能够从中央位置升级和修补系统。

VMware VDI 也存在一些缺点。VMware VDI 主要的问题是需要强大的数据中心支持，这对数据存储设备的要求很高。VMware VDI 更适宜拥有广大的数据中心或者磁盘阵列的大企业，中小企业部署 VDI 有些得不偿失。

第三章　分布式技术

第一节　分布式技术原理

分布式计算就是利用网络把成千上万台计算机连接起来，组成一台虚拟的超级计算机，并利用它们的空闲时间和存储空间来完成单台计算机无法完成的超大规模计算事务的求解。分布式计算主要研究的是分布式操作系统和分布式计算环境两个方面。

分布式计算的优点：可以快速访问、多用户使用。每台计算机可以访问系统内其他计算机的信息文件；系统设计上具有更大的灵活性，既可为独立的计算机用户的特殊需求服务，也可为联网的企业需求服务，实现系统内不同计算机之间的通信；每台计算机都可以拥有和保持所需要的最大数据和文件；减少了数据传输的成本和风险。为分散节点和中心枢纽节点双方提供更迅速的信息通信和处理方式，为每个分散的数据库提供作用域，数据存储于许多存储单元中，但任何用户都可以进行全局访问，使故障的不利影响最小化，以较低的成本来满足企业的特定要求。

分布式计算工作原理：需要巨大的计算能力才能解决的问题课题一般是跨学科的、极富挑战性的、人类亟待解决的科研课题。在以前，这些问题都应该由超级计算机来解决，但是超级计算机的造价和维护成本非常昂贵，这不是一个普通的科研组织所能承受的。随着科学的发展，一种低价的、高效的、维护方便的计算方法应运而生分布式计算。分布式计算是利用互联网上的计算机中央处理器的闲置处理能力来解决大型计算问题的一种计算科学。随着计算机的普及，越来越多的电脑处于闲置状态，即使在开机状态下中央处理器的潜力也远远不能被完全利用。互联网的出现使得连接调用所有这些拥有限制计算资源的计算机系统成为了现实。一个非常复杂的问题往往很适合于划分为大量的、更小的计算片断的问题，服务端负责将计算问题分成许多小的计算部分，然后把这些部分分配给许多联网参与计算的计算机进行并行处理，最后将这些计算结果综合起来得到最终的结果。

一、分布式计算和并行计算

分布式计算、并行计算、网格计算和云计算都属于高性能计算（HPC）的范畴，它们的主要目的在于对大数据的分析与处理，但它们却存在很多差异。本节主要介绍分布式计算和并行计算的工作原理、特点、运用的场合与区别和联系。

（一）分布式计算

分布式计算主要研究分散系统如何进行计算。分散系统是一组计算机，通过计算机网络相互连接和通信形成的系统。分布式计算是把需要进行大量计算的工程数据分区成小块，由多台计算机分别计算并上传运算结果后，将结果统一合并得出数据结论的计算方式。

广义分布式计算就是在两个或多个软件中互相共享信息，这些软件既可以在同一台计算机上运行，也可以在通过网络连接起来的多台计算机上运行。

1．分布式计算比其他算法具有以下三个优点

（1）稀有资源可以共享。

（2）通过分布式计算可以在多台计算机上平衡计算负载。

（3）可以把程序放在最适合运行它的计算机上。

其中，共享稀有资源和平衡负载是计算机分布式计算的核心思想之一。

2．分布式计算可以分为以下三类

（1）传统的 C/S 模型。如 HTTP/FTP/SMTP/POP/DBMS 等服务器，客户端向服务器发送请求，服务器处理请求，并把结果返回给客户端。客户端处于主动，服务器处于被动，这种调用是显式的远程调用或本地调用，每个细节都必须很清楚。

（2）集群技术。集群是一组相互独立的、通过高速网络互联的计算机，它们构成了一个组并以单一系统的模式加以管理。一个客户与集群相互作用时，集群就像是一个独立的服务器。通过集群技术，可以在付出较低成本的情况下获得在性能、可靠性、灵活性方面相对较高的收益，其任务调度则是集群系统中的核心技术。

（3）通用型分布式计算环境。如 CORBA（专注于企业级应用）/RMI/DCOM/DBUS（专注于桌面环境）等，这些技术（规范）差不多都具有网

络透明性，被调用的方法可能在另外一个进程中，也可能在另外一台机器上。调用者基本上不用关心是本地调用还是远程调用。当然正是这种透明性，造成了分布式计算的滥用，分布式计算用起来方便，大家以为它是免费的。实际上，分布式计算的代价是可观的。跨进程的调用，速度可能会降低一个数量级，跨机器的调用，速度可能降低两个数量级。建议减少使用分布式计算，即使要使用，也要使用粗粒度的调用，以减少调用的次数。

3. 分布式计算简单模型

在传统的方法中，调用一个对象的函数很简单，首先创建这个对象，然后调用它的函数就可以了。而在分布式的环境中，对象在另外一个进程中，在完全不同的地址空间里，要调用它的函数就会遇到阻力和困难。要简化软件的设计，网络操作必须透明化，调用者和实现者都无需关心网络操作。

在客户端引入一个代理（Proxy）对象，Proxy 全权代理实际对象，调用者甚至都不知道它是一个代理，可以像调用本地对象一样调用这个对象。当调用者调用 Proxy 的函数时，Proxy 并不做实际的操作，而是把这些参数打包成一个网络数据包，并把这个数据包通过网络发送给服务器。

在服务器引入一个桩（Stub）对象，Stub 收到 Proxy 发送的数据包之后，把数据包解开，重新组织为参数列表，并用这些参数传递给实际对象的函数。实际对象执行相关操作，把结果返回给 Stub，Stub 再把结果打包成一个网络数据包，并把这个数据包通过网络发送给客户端的 Proxy。

Proxy 收到结果数据包后，把数据包解开为返回值，返回给调用者，至此，整个操作完成。像 DCOM 和 CORBA 等采用这种操作方法，先用 IDL 语言描述出对象的接口，然后用 IDL 编译器自动产生 Proxy 和 Stub 代码，整个过程完全不需要开发人员操心。

因为现实中的对象并不是一直处于被动的地位，而是在一定的条件下，会主动触发一些事件，并把这些事件上报给调用者。也就是说，这是一个双向的动作，单纯的 C/S 模型无法满足要求，而要采用 P2P 的方式。原先的客户端同时作为一个服务器存在，接受来自自己服务器的请求。像 COM 就是这样做的，客户端要注册对象的事件，就要实现一个 IDispatch 接口，给对象反过来调用。

（二）并行计算

并行计算或称平行计算，是相对于串行计算来说的。所谓并行计算可分为时间上的并行和空间上的并行。时间上的并行就是指流水线技术，而空间上的并行则是指用多个处理器并发的执行计算。

并行计算（Parallel Computing）是指同时使用多种计算资源解决计算问题的过程。为执行并行计算，计算资源应包括一台配有多处理机（并行处理）的计算机、一个与网络相连的计算机专有编号，或者两者结合使用。并行计算的主要目的是快速解决大型且复杂的计算问题。

并行计算主要研究的是空间上的并行问题，从程序、算法和设计人员的角度来看，并行计算又可分为数据并行和任务并行。一般来说，因为数据并行主要是将一个大任务化解成相同的各个子任务，比任务并行要容易处理。

空间上的并行导致两类并行机的产生，按照 Michael Flynn（费林分类法）的说法分为单指令流多数据流（SIMD）和多指令流多数据流（MIMD），而常用的串行机也称为单指令流单数据流（SISD）。MIMD 类的机器又可分为常见的五类：并行向量处理机（PVP）、对称多处理机（SMP）、大规模并行处理机（MPP）、工作站机群（COW）、分布式共享存储处理机（DSM）。

1. 并行计算访存模型

并行计算机有以下五种访存模型。

（1）均匀访存模型（UMA）。物理存储器被所有处理器均匀共享，所有处理器对所有 SM 访存的时间相同，每台处理器可带有高速私有缓存，外围设备共享。

（2）非均匀访存模型（NUMA）。共享的 SM（共享内存）是由物理分布式的 LM（分布式本地内存）逻辑构成，处理器访存时间不一样，访问 LM 或 CSM（群内共享存储器）内存储器比访问 GSM（群间共享存储器）快。

（3）全高速缓存访存模型（COMA）。全高速缓存存储访问是 NUMA 的特例，实现全高速缓存。

（4）一致性高速缓存非均匀存储访问模型（CC-NUMA）。高速缓存一致性 NUMA：NUMA＋高速缓存一致性协议。

（5）非远程存储访问模型（NORMA）。无 SM，所有 LM 私有，通过消息传递通信。

2. 并行计算模型

不像串行计算机那样，全世界基本上都在使用冯·诺伊曼的计算模型，并行计算机没有一个统一的计算模型。目前，已经有学者提出了以下四种有价值的参考模型。

（1）PRAM 模型（Parallel Random Access Machine）。并行随机存取机器，是一种抽象并行计算模型，它假设：存在容量无限大的 SM；有限或无限个功能相同的处理器，且均有简单算术运算和逻辑判断功能；任何时刻各处理器可通过 SM 交换数据。

（2）BSP 模型（MIMD-DM）。BSP（Bulk Synchronous Parallel）大同步并行机（APRAM 算作轻量）是一个分布式存储的 MIMD 模型，它的计算由若干全局同步分开的、周期为 L 的超级步组成，各超级步中处理器做 LM 操作并通过选路器接收和发送消息；然后做一次全局检查，以确定该超级步是否已经完成（块内异步并行，块间显式同步）。

（3）LogP 模型。LogP 模型是分布式存储、点到点通信的 MIMD 模型，采取隐式同步，而不是显式同步障。

（4）异步 APRAM 模型（MIMD-SM）。异步 APRAM 模型假设：每个处理器有 LM、局部时钟、局部程序；处理器通信经过 SM；无全局时钟，各处理器异步执行各自指令；处理器之间的指令相互依赖关系必须显式加入同步障；一条指令可以在非确定但有界时间内完成。

3．并行算法基本设计策略

（1）串改并。发掘和利用现有串行算法中的并行性，直接将串行算法改造为并行算法，这是最常用的设计思路，但并不普适，好的串行算法一般无法并行化。

（2）全新设计。从问题本身描述出发，不考虑相应的串行算法，设计一个全新的并行算法。

（3）借用法。找出求解问题和某个已解决问题之间的联系，改造或利用已知算法应用到求解问题上。

4．并行计算基本术语

（1）节点度。射入或射出一个节点的边数。在单向网络中，入射和出射边之和称为节点度。

（2）网络直径。网络中任何两个节点之间的最长距离，即最大路径数。

（3）对剖宽度。对分网络各半所必须移去的最少边数。

（4）对剖带宽。每秒钟内，在最小的对剖平面上通过所有连线的最大信息位（或字节）。

（三）并行计算与分布式计算区别与联系

并行计算和分布式计算既有区别也有联系，从解决对象上看，两者都是大任务化为小任务，这是它们的共同之处。

1. 简单地理解

并行计算借助并行算法和并行编程语言能够实现进程级并行（如 MPI）和线程级并行（如 openMP）。而分布式计算只是将任务分成小块到各个计算机，分别计算、各自执行。

2. 粒度方面

并行计算中，处理器间的交互一般很频繁，往往具有细粒度和低开销的特征，并且被认为是可靠的。而在分布式计算中，处理器间的交互不频繁，交互特征是粗粒度，并且被认为是不可靠的。并行计算注重短的执行时间，分布式计算则注重长的正常运行时间。

3. 联系

并行计算和分布式计算两者是密切相关的。某些特征与程度（处理器间交互频率）有关。另一些特征则与侧重点有关（速度与可靠性），而且这两个特性对并行和分布两类系统都很重要。

总之，这两种不同类型的计算在一个多维空间中代表不同但又相邻的点。

二、分布式存储

在这个数据爆炸的时代，产生的数据量不断地攀升，从 GB、TB、PB、ZB 中挖掘数据的价值也是企业不断追求的终极目标。但是要想对海量的数据进行挖掘，首先要考虑的就是海量数据的存储问题，比如 TB 量级的数据的存储。

谈到数据的存储，就不得不说磁盘的数据读写速度问题。早在 20 世纪90 年代初期，普通硬盘可以存储的容量大概是 1GB，硬盘的读取速度大概为 4.4MB/s，读取一张硬盘大概需要 5 分钟。如今硬盘的容量都在 1TB 左右了，扩展了近千倍，但是硬盘的读取速度大概是 100MB/s。读完一个硬盘所需要的时间大概是 2.5 个小时。所以，如果基于 TB 级别的数据进行分析，仅硬盘读取完数据都要好几天了，更谈不上计算分析了。那么，该如何处理大数据的存储和计算分析呢？

分布式存储系统，是将数据分散存储在多台独立的设备上的存储系统。传统的网络存储系统采用集中的存储服务器存放所有数据，存储服务器成为系统性能的瓶颈，也是可靠性和安全性的焦点，不能满足大规模存储应用的需要。分布式网络存储系统采用可扩展的系统结构，利用多台存储服务器分担存储负荷，利用位置服务器定位存储信息，它不但提高了系统的可靠性、可用性和存取效率，还易于扩展。

常用的应用级的分布式文件存储：常见的分布式文件系统有 GFS、HDFS、Lustre、Ceph、GridFS、mogileFS、TFS、FastDFS 等，分别适用于不同的领域。它们都不是系统级的分布式文件系统，而是应用级的分布式文件存储服务。

三、分布式海量数据管理

基于大数据、云计算的需求，加快了分布式系统的发展；开源分布式系统的发展，让海量数据存储和处理变得简单；产生了很多为了解决特定问题、服务特定业务的专有集群；集群之间数据无法共享，存在冗余甚至重复，迁移和复制代价高昂，同时还面临数据校验、验证和生命周期等各种复杂问题；如何实现多集群之间的数据共享、去重和逻辑上的规划，物理上的分布成为一个无法回避又急需解决的问题。

在如今的很多大数据应用场景中，由于不同的业务线和数据来源，不同的数据可能分布在不同的大数据系统中。这些数据彼此之间有着关联，却无法从大数据系统层面实现共享。不同的系统中，如果要访问到其他集群的数据，需要将数据进行拷贝和传输，即数据搬迁。即使有了数据搬迁，数据在全局上仍然存在重复冗余、一致性、数据校验、生命周期等一系列的问题。怎么样解决在不同系统之间数据和计算在全局上的优化、管理和调度？

分布式存储：将应用和服务进行分层和分割，然后将应用和服务模块进行分布式部署。这样做不仅可以提高并发访问能力，减少数据库连接和资源消耗，还能使不同应用复用共同的服务，使业务易于扩展。在多台不同的服务器中部署不同的服务模块，通过远程调用协同工作，对外提供服务。下面介绍分布式存储节点距离计算、数据分布策略、计算调度、集群规划和云梯。

（一）分布式节点距离计算法则

在分布式系统中，分布式节点间的距离反映了两台机器之间在某个层面上的远近程度。比如，两台机器之间的网络带宽越宽，可以理解为距离越近，反之则越远。在 DFS 中最简单的距离计算法则是步长计算法则，其原理就是在网络拓扑图中从当前节点走到指定的节点需要走几步（即这两个节点之间的步长）。在实际的环境中，会在步长的计算法则的基础上根据实际的物理集群环境来调整一些权重，才能形成能够描述整个集群环境下的距离抽象模型。分布式节点间的距离计算法则对数据分布起着非常重要的指导作用，是数据分布的一个非常重要的决定因素。

（二）分布式文件系统中的数据分布策略

在 DFS 中，数据并不像普通的单机文件系统那样整块地进行全部文件数据的存储，而是将文件数据进行切块然后分别存储。比如一个 193MB 的文件，如果按照 64MB 进行划分，那么这个文件就会被切成四个 block，前三个 64MB，最后一个 1MB。冗余存储策略导致每个 block 就会有多个副本，分布在集群的各个机器上。常见的分布式策略通常遵循如下的原则：让同一个 block 的多个副本尽量分布在不同的磁盘、不同的机器、不同的机架及不同的数据中心。

（三）分布式计算调度

分布式计算的就近原则（即计算调度的 localization）：将计算发送到数据所在的节点上运行；将计算发送到离数据最近的节点上运行；将计算发送到数据所在的互联网数据中心（Internet Data Center，IDC）上运行。

分布式环境中，机器宕机可能是常态，当某些正在运行的计算任务的机器宕机的时候，分布式计算系统是怎么进行容错的？分布式计算作业中，每一个计算任务只处理整个计算作业中某一部分数据，而这一部分数据通常就是分布在某些 slave 节点上的 block 块。而由于 DFS 中的 block 都是冗余的，因此对某个 block 进行计算的机器宕机的时候，由于这块数据在其他节点上仍然有完好的副本，分布式计算系统完全可以将终端的任务重新发送到另外一台机器上进行计算。某些个别机器的宕机就不会影响到计算本身的完整性。

（四）跨 IDC 集群规划

考虑一种最极端的情况，即数据不仅分布在不同的集群上，而且集群还分布在不同的数据中心甚至不同地域的情况。在这样的情况下，我们通过什么样的方式来规划集群，达到数据共享并减少冗余、重复和高效访问的目的？

在实践中，阿里使用过两种集群规划的形式，在多个数据中心之间架设统一的分布式文件系统和分布式计算系统，让这些数据中心里的所有机器像一个整体一样，组成一个统一的分布式系统，让系统屏蔽掉内部跨数据中心的物理细节，并通过智能的数据、分布策略和计算调度策略来规避跨数据中心的物理网络限制。另一种方案是分别在每一个数据中心上架设独立的分布式文件系统和分布式计算系统，组成多个独立的分布式系统组合。但在这些系统的上层架设一个屏蔽掉下面多系统环境的调度层来形成跨数据中心的系统，达到统一提供给用户层服务的目的。

（五）云梯

云梯集群使用的是上述第一种集群规划方案，云梯集群跨越了两个数据中心，也就是机房一和机房二。机房一和机房二的所有机器构成了一个统一的分布式文件系统。其中一部分文件系统的 Name space 在机房一的 Master 上，另外一部分的 Name space 在机房二的 Master 上。机房二中运行的计算作业如果需要访问数据就在机房二，那么，就直接从机房二的 Master 上进行访问，不需要跨越机房间的带宽。而如果机房二中的计算作业要访问的是机房一中的数据，则有两种选择：第一是直接通过机房间的独享网络带宽来直读，这种方式对数据的访问次数在很少的情况下是可行的，但如果对同一份数据要多次跨机房访问，就会产生多次访问的带宽叠加，代价就会成倍地上升；第二则是将机房一中需要被机房二访问到的数据其中一个或多个副本放置在机房二，这样，当机房二中的计算任务需要访问机房一中的数据时会发现这份数据在机房二上也有副本，于是计算会发送到机房二中的计算节点上进行计算，大大节约了数据跨机房直读的带宽和效率。

第二节　分布式文件系统

分布式文件系统（Distributed File System，DFS）是指文件系统管理的物理存储资源不一定直接连接在本地节点上，而是通过计算机网络与节点相连。

信息爆炸时代中人们可以获取的数据成指数倍地增长，计算机通过文件系统管理、存储数据，但是单纯通过增加硬盘个数来扩展计算机文件系统的存储容量的方式，在容量大小、容量增长速度、数据备份、数据安全等方面的表现都不尽如人意。分布式文件系统可以有效地解决数据的存储和管理难题：将固定于某个地点的某个文件系统，扩展到任意多个地点或多个文件系统，众多的节点组成一个文件系统网络。每个节点可以分布在不同的地点，通过网络进行节点间的通信和数据传输。人们在使用分布式文件系统时，无需关心数据存储在哪个节点上、从哪个节点上获取，只需要像使用本地文件系统一样管理和存储文件系统中的数据。

一、基本架构

系统分类如下。

NFS 最早由 Sun 微系统公司作为 TCP/IP 网上的文件共享系统而开发。Sun 公司大约有超过 310 万个系统在运行 NFS，大到大型计算机、小到 PC 机，其中至少有 80% 的系统是非 Sun 平台。

AFS 是一种分布式的文件系统，用来共享与获得在计算机网络中存放的文件，使使用户获得网络文件就像本地机器般方便。AFS 文件系统被称为"分布式"是因为文件可以分散地存放在很多不同的机器上，但这些文件对于用户而言是可及的，用户可以通过一定的方式得到这些文件。

KFS 是基于 JAVA 的纯分布式文件系统，功能类似于 Hadoop、DFS、GFS，通过 HTTP WEB 为企业的各种信息系统提供底层文件存储及访问服务，搭建企业私有云存储服务平台。

DFS 是 AFS 的一个版本，是开放软件基金会（OSF）的分布式计算环境 DCE 中的文件系统部分。

一个典型的 DFS 通常分为三个大的组件：Client、Master、Slave。

二、HDFS 实现

HDFS（Hadoop Distributed File System）分布式文件系统，它是谷歌的 GFS 提出后出现的一种用户级文件系统。HDFS 提供了一个高度容错和高吞吐量的海量数据存储解决方案。

HDFS 被设计成适合运行在通用硬件（Commodity Hardware）上的分布式文件系统（Distributed File System）。它和现有的分布式文件系统有很多共同点，但同时，它和其他的分布式文件系统的区别也是很明显的。HDFS 是一个高度容错性的系统，适合部署在廉价的机器上。HDFS 能提供高吞吐量的数据访问，非常适合大规模数据集上的应用。HDFS 放宽了一部分 POSIX 约束，来实现流式读取文件系统数据的目的。HDFS 在最开始是作为 Apache Nutch 搜索引擎项目的基础架构而开发的，是 Apache Hadoop Core 项目的一部分。

（一）体系结构

HDFS 采用了主从（Master/Slave）结构模型，一个 HDFS 集群是由一个 Namenode 和若干个 Datanode 组成的。其中，Namenode 作为主服务器，管理文件系统的命名空间和客户端对文件的访问操作；集群中的 Datanode 管理存储的数据。

（二）HDFS 特点

1. 硬件容错

硬件错误是常态而不是异常。HDFS 可能由成百上千的服务器构成，每个服务器上存储着文件系统的部分数据。我们面对的现实是构成系统的组件数目巨大，而且任一组件都有可能失效，这意味着总是有一部分 HDFS 的组件是不工作的。因此，错误检测和快速、自动的恢复是 HDFS 最核心的架构目标。

2. 流式数据访问

运行在 HDFS 上的应用和普通的应用不同，需要流式访问它们的数据集。HDFS 的设计中更多地考虑到了数据批处理，而不是用户交互处理。与数据访问的低延迟问题相比，更关键的在于数据访问的高吞吐量。POSIX 标准设置的很多硬性约束对 HDFS 应用系统不是必需的。为了提高数据的吞吐量，在一些关键方面对 POSIX 的语义做了一些修改。

3．大规模数据集

运行在 HDFS 上的应用具有很大的数据集。HDFS 上的一个典型文件大小一般都在 G 字节至 T 字节。因此，HDFS 被调节以支持大文件存储。它提供整体上较高的数据传输带宽，能在一个集群里扩展到数百个节点。一个单一的 HDFS 实例能支撑数以千万计的文件。

4．简单的一致性模型

HDFS 应用需要一个"一次写入多次读取"的文件访问模型。一个文件经过创建、写入和关闭之后就不需要改变。这一假设简化了数据一致性问题，并且使高吞吐量的数据访问成为可能。MapReduce 应用或者网络爬虫应用都非常适合这个模型。目前，还有计划在将来扩充这个模型，使之支持文件的附加操作。

5．异构软硬件平台间的可移植性

HDFS 在设计的时候就考虑到平台的可移植性，这种特性方便了 HDFS 作为大规模数据应用平台的推广。

6．移动计算比移动数据更划算

一个应用请求的计算，离它操作的数据越近就越高效，在数据达到海量级别的时候更是如此。因为这样就能降低网络阻塞的影响，提高系统数据的吞吐量。将计算移动到数据附近，比将数据移动到应用所在显然更好。HDFS 为应用提供了将它们自己移动到数据附近的接口。

（三）HDFS 架构原理

HDFS 采用 master/slave 架构。一个 HDFS 集群是由一个 Namenode 和一定数目的 Datanodes 组成。Namenode 是一个中心服务器，负责管理文件系统的名字空间（Namespace）及客户端对文件的访问。集群中的 Datanode 一般是一个节点一个，负责管理它所在节点上的存储。HDFS 暴露了文件系统的名字空间，用户能够以文件的形式在上面存储数据。从内部看，一个文件其实被分成一个或多个数据块，这些块存储在一组 Datanode 上。Namenode 执行文件系统的名字空间操作，比如打开、关闭、重命名文件或目录。它也负责确定数据块到具体 Datanode 节点的映射，Datanode 负责处理文件系统客户端的读写请求。

HDFS 架构中关键组件有两个，一个是 Namenode，另一个是 Datanode。Datanode 负责文件数据的存储和读写操作，HDFS 将文件数据分割成若干块（block），每个 Datanode 存储一部分 block，这样文件就分布存储在整个 HDFS 服务器集群中。应用程序客户端（Client）可以并行对这些数据块进行访问，从而使得 HDFS 可以在服务器集群规模上实现数据并行访问，极大地提高访问速度。实践中，HDFS 集群的 Datanode 服务器会有很多台，一般是几百台到几千台的规模，每台服务器配有数块磁盘，整个集群的存储容量大概在几 PB 到数百 PB。

Namenode 负责整个分布式文件系统的元数据（Metadata）管理，也就是管理文件路径名，数据 block 的 ID 及存储位置等信息，承担着操作系统中文件分配表（FAT）的角色。HDFS 为了保证数据的高可用，会将一个 block 复制为多份（缺省情况为 3 份），并将 3 份相同的 block 存储在不同的服务器上。这样，当有磁盘损坏或者某个 Datanode 服务器宕机导致其存储的 block 不能访问的时候，Client 会查找其备份的 block 进行访问。

（四）HDFS 应用实现

Hadoop 分布式文件系统可以像一般的文件系统那样进行访问：使用命令行或者编程语言 API 进行文件读写操作。我们以 HDFS 写文件为例看 HDFS 处理过程。

HDFS 写文件操作过程如下：①应用程序 Client 调用 HDFS API，请求创建文件，HDFS API 包含在 Client 进程中。②HDFS API 将请求参数发送给 Namenode 服务器，Namenode 在 meta 信息中创建文件路径，并查找 Datanode 中空闲的 block。然后将空闲 block 的 ID、对应的 Datanode 服务器信息返回给 Client。因为数据块需要多个备份，所以即使 Client 只需要一个 block 的数据量，Namenode 也会返回多个 Namenode 信息。③Client 调用 HDFS API，请求将数据流写出。④HDFS API 连接第一个 Datanode 服务器，将 Client 数据流发送给 Datan-ode，该 Datanode 一边将数据写入本地磁盘，一边发送给第二个 Datanode。同理，第二个 Datanode 记录数据并发送给第三个 Datanode。⑤Client 通知 Namenode 文件写入完成，Namenode 将文件标记为正常，可以进行读操作了。

HDFS 虽然提供了 API，但是在实践中，自己很少直接编程去读取 HDFS 中的数据，原因是在大数据场景下，移动计算比移动数据更划算。与其写

程序去读取分布在这么多 Datanode 上的数据，不如将程序分发到 Datanode
上去访问其上的 block 数据。但是如何对程序进行分发？分发出去的程序如
何访问 HDFS 上的数据？计算的结果如何处理？如果结果需要合并，该如
何合并？Hadoop 提供了对存储在 HDFS 上的大规模数据进行并行计算的框
架，就是下节要介绍的 MapReduce。

第三节　MapReduce

MapReduce 最早是由 Google 公司研究并提出的一种面向大规模数据处
理的并行计算模型和方法。Google 公司设计 MapReduce 的初衷主要是为了
解决其搜索引擎中大规模网页数据的并行化处理问题。Google 公司发明了
MapReduce 之后，首先用它重新改写了其搜索引擎中的 Web 文档索引处理
系统。但由于 MapReduce 可以普遍应用于很多大规模数据的计算问题，因
此自发明 MapReduce 以后，Google 公司内部进一步将其广泛应用于很多大
规模数据处理。到目前为止，Google 公司内有上万个各种不同的算法问题
和程序都使用 MapReduce 进行处理。

一、基本概念

MapReduce 是一种编程模型，用于大规模数据集（大于 1TB）的并行
运算。概念"Map（映射）"和"Reduce（归约）"是它们的主要思想，主要
是从函数式编程语言里借来的，还有从矢量编程语言里借来的特性。它极
大地方便了编程人员在不会分布式并行编程的情况下，将自己的程序运行
在分布式系统上。当前的软件实现是指定一个 Map（映射）函数，用来把
一组键值对映射成一组新的键值对，指定并发的 Reduce（归约）函数，用
来保证所有每一个映射的键值对共享相同的键组。

（一）MapReduce 定义

MapReduce 是面向大数据并行处理的计算模型、框架和平台，它隐含
了以下三层含义。

MapReduce 是一个基于集群的高性能并行计算平台（Cluster Infrastructure）。
它允许用市场上普通的商用服务器构成一个包含数十、数百至数千个节点

的分布和并行计算集群。

MapReduce 是一个并行计算与运行软件框架（Software Framework）。它提供了一个庞大但设计精良的并行计算软件框架，能自动完成计算任务的并行化处理，自动划分计算数据和计算任务，在集群节点上自动分配、执行任务和收集计算结果，将数据分布存储、数据通信、容错处理等并行计算涉及的很多系统底层的复杂细节交由系统处理，大大减轻了软件开发人员的负担。

MapReduce 是一个并行程序设计模型和方法（Programming Model& Methodology）。它借助于函数式程序设计语言 Lisp 的设计思想，提供了一种简便的并行程序设计方法，用 Map 和 Reduce 两个函数编程实现基本的并行计算任务，提供了抽象的操作和并行编程接口，简单、方便地完成大规模数据的编程和计算处理。

（二）MapReduce 提供了的主要功能

数据划分和计算任务调度。系统自动将一个待处理的作业（Job）大数据划分为很多个数据块，每个数据块对应于一个计算任务（Task），并自动调度计算节点来处理相应的数据块。作业和任务调度主要负责分配和调度计算节点（Map 节点或 Reduce 节点），同时，负责监控这些节点的执行状态，并负责 Map 节点执行的同步控制。

数据/代码互定位。为了减少数据通信，一个基本原则是本地化数据处理，即一个计算节点尽可能处理其本地磁盘上所分布存储的数据，这实现了代码向数据的迁移；当无法进行这种本地化数据处理时，再寻找其他可用节点并将数据从网络上传送给该节点（数据向代码迁移），尽可能从数据所在的本地机架上寻找可用节点以减少通信延迟。

系统优化。为了减少数据通信开销，中间结果数据进入 Reduce 节点前会进行一定的合并处理；一个 Reduce 节点所处理的数据可能会来自多个 Map 节点，为了避免 Reduce 计算阶段发生数据相关性，Map 节点输出的中间结果需使用一定的策略进行适当的划分处理，保证相关性数据发送到同一个 Reduce 节点；此外，系统还进行一些计算性能优化处理，如对最慢的计算任务采用多备份执行、选择最快完成者作为结果。

出错检测和恢复。低端商用服务器构成的大规模 MapReduce 计算集群中，节点硬件（主机、磁盘、内存等）出错和软件出错是常态，因此，

MapReduce 需要能检测并隔离出错节点，并调度分配新的节点，接管出错节点的计算任务。同时，系统还将维护数据存储的可靠性，用多备份冗余存储机制提高数据存储的可靠性，并能及时检测和恢复出错的数据。

（三）MapReduce 设计上的主要技术特征

MapReduce 并行计算集群会基于低端服务器实现。对于大规模数据处理，显而易见，由于有大量数据存储需要，基于低端服务器的集群远比基于高端服务器的集群优越，这就是为什么 MapReduce 并行计算集群会基于低端服务器实现的原因。

失效被认为是常态。MapReduce 集群中使用大量的低端服务器，因此，节点硬件失效和软件出错是常态，因而一个良好设计、具有高容错性的并行计算系统不能因为节点失效而影响计算服务的质量，任何节点失效都不应当导致结果的不一致或不确定性；任何一个节点失效时，其他节点要能够无缝接管失效节点的计算任务；当失效节点恢复后应能自动无缝加入集群，而不需要管理员人工进行系统配置。MapReduce 并行计算软件框架使用了多种有效的错误检测和恢复机制，如节点自动重启技术，使集群和计算框架具有对付节点失效的健壮性，能有效处理失效节点的检测和恢复。

把处理向数据迁移。为了减少大规模数据并行计算系统中的数据通信开销，把数据传送到处理节点（数据向处理器或代码迁移），应当考虑将处理向数据靠拢和迁移。MapReduce 采用了数据/代码互定位的技术方法，首先，计算节点将尽量负责计算其本地存储的数据，以发挥数据本地化特点，当节点无法处理本地数据时，再采用就近原则寻找其他可用计算节点，并把数据传送到该可用计算节点。

顺序处理数据，避免随机访问数据。大规模数据处理的特点决定了大量的数据记录难以全部存放在内存，而通常只能放在外存中进行处理。由于磁盘的顺序访问要远比随机访问快得多，因此，MapReduce 主要设计为面向顺序式大规模数据的磁盘访问处理。为了实现面向大数据集批处理的高吞吐量的并行处理，MapReduce 可以利用集群中的大量数据存储节点同时访问数据，以此利用分布集群中大量节点上的磁盘集合提供高带宽的数据访问和传输。

为应用开发者隐藏系统层细节。MapReduce 提供了一种抽象机制将程序员与系统层细节隔离开来，程序员仅需描述需要计算什么（What to compute），而具体怎么去计算（How to compute）就交由系统的执行框架处理，这样，程序员可从系统层细节中解放出来，而致力于应用本身的计算问题的算法设计。

平滑无缝的可扩展性。可扩展性主要包括两层意义上的扩展性：数据扩展性和系统规模扩展性。理想的软件算法应可以随着数据规模的扩大而表现出持续的有效性，性能上的下降程度应与数据规模扩大的倍数相当；在集群规模上，要求算法的计算性能应可以随着节点数的增加保持接近线性程度的增长。绝大多数现有的单机算法都达不到以上理想的要求；把中间结果数据维护在内存中的单机算法在大规模数据处理时很快失效；从单机到基于大规模集群的并行计算需要完全不同的算法设计。MapReduce 在很多情形下能实现以上理想的扩展性特征。

（四）MapReduce 的基本模型

MapReduce 借鉴了 Lisp 函数式语言中的思想，用 Map 和 Reduce 两个函数提供了高层的并发编程模型抽象：①Map：（K1：V1）→[（K2：V2）]。②Reduce：（K2：[V2]）→[（K3：V3）]。

每个 Map 都处理结构、大小相同的初始数据块，也就是（K1：V1），其中 K1 是主键，可以是数据块索引，也可以是数据块地址；V1 是数据。经过 Map 节点的处理后，生成了很多中间数据集，用[ ]表示数据集。而 Reduce 节点接收的数据是对中间数据合并后的数据，也就是把 key 值相等的数据合并在一起了，即（K2：[V2]）；再经过 Reduce 处理后，生成处理结果。

二、实现原理

（一）运行原理

MapReduce 是一个基于集群的计算平台，是一个简化分布式编程的计算框架，是一个将分布式计算抽象为 Map 和 Reduce 两个阶段的编程模型。MapReduce 存在以下 4 个独立的实体。

1. JobClient

运行于 client node，负责将 MapReduce 程序打成 Jar 包存储到 HDFS，

并把 Jar 包的路径提交到 Jobtracker，由 Jobtracker 进行任务的分配和监控。

2. JobTracker

运行于 name node，负责接收 JobClient 提交的 Job，调度 Job 的每一个子 task 运行于 TaskTracker 上，并监控它们，如果发现有失败的 task 就重新运行它。

3. TaskTracker

运行于 data node，负责主动与 JobTracker 通信，接收作业，并直接执行每一个任务。

4. HDFS

用来与其他实体共享作业文件。

各实体间通过以下过程完成一次 MapReduce 作业。

JobClient 通过 RPC 协议向 JobTracker 请求一个新应用的 ID，用于 MapReduce 作业的 ID。

JobTracker 检查作业的输出说明。例如，如果没有指定输出目录或目录已存在，作业就不提交，错误抛回给 JobClient，否则，返回新的作业 ID 给 JobClient。

JobClient 将作业所需的资源（包括作业 JAR 文件、配置文件和计算所得的输入分片）复制到以作业 ID 命名的 HDFS 文件夹中。

JobClient 通过 submitApplication（ ）提交作业。

JobTracker 收到调用它的 submitApplication( )消息后，进行任务初始化。

JobTracker 读取 HDFS 上要处理的文件，开始计算输入分片，每一个分片对应一个 TaskTracker。

TaskTracker 通过心跳机制领取任务（任务的描述信息）。

TaskTracker 读取 HDFS 上的作业资源（JAR 包、配置文件等）。

TaskTracker 启动一个 java child 子进程，用来执行具体的任务（Mapper-Task 或 ReducerTask）。

TaskTracker 将 Reduce 结果写入到 HDFS 当中。

（二）工作原理

1. Map 任务处理

读取 HDFS 中的文件，每一行解析成一个<K，V>，每一个键值对调用一次 map 函数。

重写 Map（），对第一步产生的<K，V>进行处理，转换为新的<K，V>输出。

对输出的 key、value 进行分区。

对不同分区的数据，按照 key 进行排序、分组。相同 key 的 value 放到一个集合中。

（可选）对分组后的数据进行归约。

2．Reduce 任务处理

多个 Map 任务的输出，按照不同的分区，通过网络复制到不同的 reduce 节点上。

对多个 Map 的输出进行合并、排序。

重写 reduce 函数并实现自己的逻辑，对输入的 key、value 处理，转换成新的 key、value 输出。

把 reduce 的输出保存到文件中。

（三）MapReduce 流程图

一切都是从最上方的 User program 开始的，User program 链接了 Map Reduce 库，实现了最基本的 Map 函数和 Reduce 函数。

MapReduce 库先把 User program 的输入文件划分为 M 份（M 由用户定义），每一份通常有 16 ~ 64MB；然后使用 fork 将用户进程拷贝到集群内的其他机器上。

user program 的副本中有一个称为 master，其余称为 worker。master 是负责调度的，为空闲 worker 分配作业（Map 作业或者 Reduce 作业），worker 的数量也是可以由用户指定的。

被分配了 Map 作业的 worker，开始读取对应分片的输入数据，Map 作业数量是由 M 决定的，和 split 对应；Map 作业从输入数据中抽取出键值对，每一个键值对都作为参数传递给 Map 函数，Map 函数产生的中间键值对被缓存在内存中。

缓存的中间键值对会被定期写入本地磁盘，而且被分为 R 个区，R 的大小是由用户定义的，将来每个区会对应一个 Reduce 作业；这些中间键值对的位置会被通报给 master，master 负责将信息转发给 Reduce worker。

master 通知分配了 Reduce 作业的 worker 负责的分区在什么位置（每个

Map 作业产生的中间键值对都可能映射到所有 R 个不同分区)，当 Reduce worker 把所有负责的中间键值对都读过来后，先对它们进行排序，使得相同键的键值对聚集在一起。因为不同的键可能会映射到同一个分区也就是同一个 Reduce 作业，所以排序是必需的。

Reduce worker 遍历排序后的中间键值对，对于每个唯一的键，都将键与关联的值传递给 Reduce 函数，Reduce 函数产生的输出会添加到这个分区的输出文件中。

当所有的 Map 和 Reduce 作业都完成了，master 唤醒正版的 user program，MapReduce 函数调用返回 user program 的代码。

第四节　BigTable

BigTable 是 Google 设计的分布式数据存储系统，是用来处理海量的数据的一种非关系型的数据库。BigTable 是一个稀疏的、分布式的、持久化存储的多维度排序 Map。BigTable 的设计目的是快速且可靠地处理 PB 级别的数据，并且能够部署到上千台机器上。

一、基本概念

（一）数据模型

（1）将 Bigtable 的数据模型抽象为一系列的键值对，满足的映射关系为：key（row：string，column：string，time：int64）→value（string）。

（2）Bigtable 的 key 有三维，分别是行键（row key）、列键（column key）和时间戳（timestamp），行键和列键都是字节串，时间戳是 64 位整型。

（3）列又被分为多个列族（column family，是访问控制的单元），列键按照 family：qualifier 格式命名。

（4）行键、列键和时间戳分别作为 table 的一级、二级、三级索引，即一个 table 包含若干个 row key，每个 row key 包含若干个列族，每个列族又包含若干个列，对于具有相同行键和列键的数据（cell），Bigtable 会存储这个数据的多个版本，这些版本通过时间戳来区分。

传统的 map 由一系列键值对组成，在 Bigtable 中，对应的键是由多个数据复合而成的，即 row key，column key 和 timestamp。

Bigtable 按照行键的字典序存储数据，因为系统庞大且为分布式，所以排序这个特性会带来很大的好处，行的空间邻近性可以确保我们在扫描表时，感兴趣的记录会大概率地汇聚到一起。Tablet 是 Bigtable 分配和负载均衡的单元，Bigtable 的表根据行键自动划分为片。最初表都只有一个 Tablet，但随着表的不断增大，原始的 Tablet 自动分割为多个 Tablet，片的大小控制在 100~200MB。

二、实现原理

（一）Bigtable 的实现依托于 Google 的几个基础组件

（1）Google File System（GFS），一个分布式文件系统，用于存储日志和文件。

（2）Google Sorted Strings Table（SSTable），一个不可修改的有序键值映射表，提供查询、遍历的功能。

（3）Chubby，一个高可靠并用于分布式的锁服务，其目的是解决分布式一致性的问题，通过 Paxos 算法实现。Chubby 用于片定位、片服务器的状态监控、访问控制列表存储等任务。注：Chubby 并不是开源的，但 Yahoo 借鉴 Chubby 的设计思想开发了 Zookeeper，并将其开源。

（二）Bigtable 集群

Bigtable 集群包括三个主要部分。

1. 供客户端使用的库

客户端需要读写数据时，它直接与片服务器联系。因为客户端并不需要从主服务器获取片的位置信息，所以大多数客户端从来不需要访问主服务器，主服务器的负载一般很轻。

2. 主服务器（Master server）

主服务器负责将片分配给片服务器，监控片服务器的添加和删除，平衡片服务器的负载，处理表和列族的创建等。注意，主服务器不存储任何片，不提供任何数据服务，也不提供片的定位信息。

3. 片服务器（Tablet server）

每个片服务器负责一定量的片，处理对片的读写请求，以及片的分裂或合并。每个片实际由若干 SSTable 文件和 memtable 组成，而且这些 SSTable 和 memtable 都是已排序的。片服务器可以根据负载随时添加和删除。这里片服务器并不真实存储数据，而相当于一个连接 BigTable 和 GFS 的代理，客户端的一些数据操作都通过片服务器代理间接访问 GFS。

主服务器负责将片分配给片服务器，而具体的数据服务则全权由片服务器负责。但是不要误以为片服务器真的存储了数据（除了内存中 memtable 的数据），数据的真实位置只有 GFS 才知道，主服务器将片分配给片服务器的意思应该是，片服务器获取了片的所有 SSTable 文件名，片服务器通过一些索引机制可以知道所需要的数据在哪个 SSTable 文件，然后从 GFS 中读取 SSTable 文件的数据，这个 SSTable 文件可能分布在几台 chunkserver 上。

当片服务器启动时，它会在 Chubby 的某个特定目录下创建并获取一个锁文件（互斥锁），这个锁文件的名称是唯一表示该 Tablet server 的。Master server 通过监控这个目录获取当前存活着的 Tablet server 的信息。

如果 Tablet server 失去了锁（比如网络问题），那么，Tablet server 也就不再为对应的 Tablet 服务了。如果锁文件存在，那么 Tablet server 会主动获取锁。如果锁文件不存在，那么，Tablet server 就永远不会再服务对应的 Tablet，所以 Tablet server 就会终止自己。当 Tablet server 要终止时，它会释放占有的锁，Master server 就会把该 Tablet server 上的 Tablet 分配给其他的 Tablet server。

Master server 会定期轮询每个 Tablet server 的锁状态。如果 Tablet server 报告失去了它的锁，或者 Master server 不能获取 Tablet server 的状态，那么 Master server 就会尝试去获取 Tablet server 对应的锁文件。如果 Master server 获取到了锁文件，并且 Chubby 是处于正常工作状态的，此时 Master server 就确认 Tablet server 已经无法再提供服务了，Master server 删除相应的锁文件并把 Tablet server 对应的 Tablet 分配给新的 Tablet server。如果 Master server 与 Chubby 之间出现了网络问题，那么，Master server 也会终止自己。但是这并不会影响 Tablet 与 Tablet server 之间的分配关系。

Master server 的启动需要经历以下几个阶段。

Master server 需要从 Chubby 获取锁，这样可以确保在同一时刻只有一个 master server 在工作。

Master server 扫描 Chubby 下特定的目录（即 Tablet server 创建锁文件的目录），获取存活着的 Tablet server 的信息。

Master server 和存活着的 Tablet server 通信，获取已被分配到 Tablet server 的 tablet 信息。

Master server 扫描 METADATA tablet，获取所有的 Tablet 信息，然后把未分配的 Tablet 分配给 Tablet server。

（三）片的定位

Chubby file，保存着 Root tablet 的位置。这个 Chubby 文件属于 Chubby 服务的一部分，一旦 Chubby 不可用，就意味着丢失了 Root tablet 的位置，整个 Bigtable 也就不可用了。

Root tablet 其实是元数据表（METADATA table）的第一个分片，它保存着元数据表其他片的位置。Root tablet 很特别，为了保证树的深度不变，Roottablet 从不分裂。

其他的元数据片，它们和 Root tablet 一起组成完整的元数据表。每个元数据片都包含了许多用户片的位置信息。

可以看出，整个定位系统其实只是两部分，一个 Chubby 文件，一个元数据表。每个分片也都是由专门的片服务器负责，这就是不需要主服务器提供位置信息的原因。客户端会缓存片的位置信息，如果在缓存里找不到一个片的位置信息，就需要查找这个三层结构了，包括访问一次 Chubby 服务，访问两次片服务器。

（四）元数据表

元数据表（METADATA table）是一张特殊的表，它被用于数据的定位及一些元数据服务。

元数据表的行键由片所属表名的 ID 加上片最后一行行键而成，所以，每个片在元数据表中占据一条记录（一行），而且行键既包含了其所属表的信息，也包含了其所拥有的行的范围。

除了知道元数据表的地址部分是常驻内存以外，还可以发现元数据表有一个列族称为 location，已经知道元数据表每一行代表一个片，那么为什么需要一个列族来存储地址呢？因为每个片都可能由多个 SSTable 文件组成，列族可以用来存储任意多个 SSTable 文件的位置。一个合理的假设就是每个 SSTable 文件的位置信息占据一列，列名为 location：filename。当然不一定非得用列键存储完整文件名，更大的可能性是把 SSTable 文件名存在值里。获取了文件名就可以向 GFS 索要数据了。

元数据表不止存储位置信息，也就是说列族不止 location。客户端会缓存 tablet 的位置信息，客户端在获取 tablet 的位置信息时，会涉及两种情况。

如果客户端没有缓存目标 tablet 的位置信息，那么，就会沿着 Root tablet 定位到最终的 Tablet，整个过程需要 3 次网络往返（round-trips）。

如果客户端缓存了目标 Tablet 的位置信息，但是到了目标 Tablet 后发现原来缓存的 Tablet 位置信息过时了，那么，会重新从 Root Tablet 开始定位 Tablet，整个过程需要 6 个 network round-trips。

（五）片的存储和读写

片的数据最终还是写到 GFS 里，片在 GFS 里的物理形态就是若干个 SSTable 文件。

当片服务器收到一个写请求，片服务器首先检查请求是否合法。如果合法，先将写请求提交到日志，然后将数据写入内存中的 memtable。memtable 相当于 SSTable 的缓存，当 memtable 成长到一定规模会被冻结，Bigtable 随之创建一个新的 memtable，并且将冻结的 memtable 转换为 SSTable 格式写入 GFS，这个操作称为 minor compaction。

当片服务器收到一个读请求，同样要检查请求是否合法。如果合法，这个读操作会查看所有 SSTable 文件和 memtable 的合并视图，因为 SSTable 和 memtable 本身都是已排序的，所以合并相当快。

每一次 minor compaction 都会产生一个新的 SSTable 文件，SSTable 文件太多，读操作的效率就降低了，所以 Bigtable 定期执行 merging compaction 操作，将几个 SSTable 和 memtable 合并为一个新的 SSTable。BigTable 还有个功能更强的 major compaction，它将所有 SSTable 合并为一个新的 SSTable。

第四章 云服务技术

第一节 云服务架构

一、云服务的概念和价值

云服务是基于互联网的相关服务的增加、使用和交互模式，通常涉及通过互联网来提供动态易扩展且经常是虚拟化的资源。云是网络、互联网的一种比喻说法。过去在图中往往用云来表示电信网，后来也用来表示互联网和底层基础设施的抽象。云服务指通过网络以按需、易扩展的方式获得所需服务。这种服务可以是 IT 和软件、互联网相关，也可以是其他服务。它意味着计算能力也可作为一种商品通过互联网进行流通。

（一）Amazon AWS

Amazon AWS 是亚马逊公司旗下的云计算服务平台，为全世界范围内的客户提供云解决方案。以 Web 服务的形式向企业提供 IT 基础设施服务，通常称为云计算。其主要优势之一是能够以根据业务发展而扩展的较低可变成本来替代前期资本基础设施费用。

亚马逊网络服务所提供的服务包括亚马逊弹性计算网云（Amazon EC2）、亚马逊简单储存服务（Amazon S3）、亚马逊简单数据库（Amazon Simple DB）、亚马逊简单队列服务（AmazonSimple Queue Service）以及 Amazon Cloud Front 等。

（二）Microsoft Azure

Windows Azure 是微软基于云计算的操作系统，现更名为 Microsoft Azure，和 Azure Services Platform 一样，是微软"软件和服务"技术的名称。Microsoft Azure 的主要目标是为开发者提供一个平台，帮助开发者开发可运行在云服务器、数据中心、Web 和 PC 上的应用程序。云计算的开发者能使用微软全球数据中心的储存、计算能力和网络基础服务。Azure 服务平台包括了以下主要组件：Microsoft Azure，Microsoft SQL 数据库服务，Microsoft.Net 服务，用于分享、储存和同步文件的 Live 服务，针对商业的 Microsoft SharePoint 和 Microsoft Dynamics CRM 服务。

Azure 是一种灵活和支持互操作的平台，可以被用来创建云中运行的应用或者通过基于云的特性来加强现有应用。它开放式的架构给开发者提供了 Web 应用、互联设备的应用、个人电脑、服务器或者最优在线复杂解决方案的选择。Microsoft Azure 以云技术为核心，提供了软件十服务的计算方法。它是 Azure 服务平台的基础。Azure 能够将处于云端的开发者个人能力，同微软全球数据中心网络托管的服务，比如存储、计算和网络基础设施服务，紧密结合起来。

微软会保证 Azure 服务平台自始至终的开放性和互操作性。我们确信企业的经营模式和用户从 Web 获取信息的体验将会因此改变。最重要的是，这些技术将使我们的用户有能力决定是将应用程序部署在以云计算为基础的互联网服务上，还是客户端，或者根据实际需要将二者结合起来。

（三）阿里云

阿里云是全球领先的云计算及人工智能科技公司，致力于以在线公共服务的方式，提供安全、可靠的计算和数据处理能力，让计算和人工智能成为普惠科技。

阿里云服务于制造、金融、政务、交通、医疗、电信、能源等众多领域企业，包括中国联通、12306、中石化、中石油、飞利浦、华大基因等大型企业客户，以及微博、知乎、锤子科技等明星互联网公司。在天猫双 11 全球狂欢节、12306 春运购票等极富挑战的应用场景中，阿里云保持着良好的运行纪录。

阿里云在全球各地部署高效节能的绿色数据中心，利用清洁计算为万物互联的新世界提供源源不断的能源动力，服务的区域包括中国（华北、华东、华南、香港）、新加坡、美国（美东、美西）、欧洲、中东、澳大利亚、日本。

（四）华为云

华为云隶属于华为公司，在我国北京、深圳、南京以及美国等多地设立了研发和运营机构，贯彻华为公司"云、管、端"的战略方针，汇集海内外优秀技术人才，专注于云计算中公有云领域的技术研究与生态拓展，致力于为用户提供一站式云计算基础设施服务，目标是成为中国最大的公有云服务与解决方案供应商。

近年，华为专门成立了 Cloud BU，全力构建并提供可信、开放、全球线上线下服务能力的公有云。除服务于国内企业，还服务于欧洲、美洲等全球多个区域的众多企业。

华为云立足于互联网领域，依托于华为公司雄厚的资本和强大的云计算研发实力，面向互联网增值服务运营商、大中小型企业、政府、科研院所等广大企事业用户，提供包括云主机、云托管、云存储等基础云服务，超算，内容分发与加速，视频托管与发布，企业 IT，云电脑，云会议，游戏托管，应用托管等服务和解决方案。华为云的定位为聚焦 I 层，使能 P 层，聚合 S 层。

云服务的应用进入快车道，市场需求爆发。云计算将作为企业的基本平台，标准配置。未来，云计算技术和商业（市场）日趋成熟，越来越多的企业/行业开始把企业的传统业务、核心业务用云来承载，受益于云的价值，同时借助云服务的方式快速地获取大数据、AI、IOT 方面的能力来进行业务创新。Cloud 2.0 云服务已经不仅是标准化的服务，而是要适配行业业务和创新需要的服务。企业已经成为业务云化的主角。

二、云服务架构

（一）华为公有云服务架构

在华为公有云服务架构平台中，存在底层硬件和运维运营平台，以及平台的安全基础防护。平台拥有高可用的资源架构模型，包含区域和可用区。

1. 区域（Region）

从地理位置和网络时延维度划分（Region 内的共享存储、镜像、软件仓库等公共服务全局共享）。

2. 可用区（Availability Zone，AZ）

一个 AZ 是一个或多个物理数据中心的集合，有独立的风火水电，AZ 内逻辑上再将计算、网络、存储等资源划分成多个集群。一个 Region 中的多个 AZ 间通过高速光纤相连，以满足用户跨 AZ 构建高可用性系统的需求

（跨 AZ 的对象存储、VPC 网络互联、弹性 IP 等）。区域内不同 AZ 之间时延小于 1～2ms，AZ 内时延小于 0.2～0.3ms。一个 Region 可有多个 AZ，一个 AZ 就是一个物理地理故障单位。

（二）华为公有云服务的主要产品

华为公有云的主要服务有弹性云服务器（Elastic Cloud Server，ECS）、弹性伸缩（Auto Scaling，AS）服务、云硬盘（Elastic Volume Service，EVS）、云硬盘备份（Volume Backup Service，VBS）、对象存储服务（Object Storage Service，OBS）、虚拟私有云（Virtual Private Cloud，VPC）、弹性负载均衡（Elastic Load Balance，ELB）、AntiDDOS 流量清洗、华为云关系型数据库（Relational Database Service，RDS）、IAM 统一身份认证、云监控服务（Cloud Eye Service，CES）、EI、API 等云服务产品。还有很多新服务在陆续上线。

（三）华为云服务管理系统

使用华为云服务管理系统主要分为以下几步：注册与登录，华为云管理控制台介绍，身份和访问权限管理。

统一身份认证（Identity and Access Management，简称 IAM）是华为云提供权限管理的基础服务，可以帮助我们安全地控制华为云服务和资源的访问权限。IAM 的优势如下。

1．对华为云的资源进行精细访问控制。

注册华为云后，系统自动创建账号，账号是资源的归属以及使用计费的主体，对其所拥有的资源具有完全控制权限，可以访问华为云所有的云服务。

如果企业或个人在华为云购买了多种资源，例如弹性云服务器、云硬盘、裸金属服务器等，员工或应用程序需要使用在华为云中的资源，则可以使用 IAM 的用户管理功能，给员工或应用程序创建 IAM 用户，并授予 IAM 用户刚好能完成工作所需的权限，新创建的 IAM 用户可以使用自己单独的用户名和密码登录华为云。IAM 用户的作用是多用户协同操作同一账号时，避免分享账号的密码。

2．跨账号的资源操作与授权。

如果企业或个人在华为云购买了多种资源，其中一种资源希望由其他账号管理，可以使用 IAM 提供的委托功能。例如，在华为云上购买的部分资源，希望委托给一家专业的代运维公司来运维，通过 IAM 的委托功能，代运维公司可以使用自己的账号对委托的资源进行运维。当委托关系发生变化时，可以随时修改或撤消对代运维公司的授权。

3. 使用企业已有账号登录华为云。

当希望本企业员工可以使用企业内部的认证系统登录华为云，而不需要在华为云中重新创建对应的 IAM 用户时，可以使用 IAM 的身份提供商功能，建立所在企业与华为云的信任关系，通过联合认证使员工使用企业已有账号直接登录华为云，实现单点登录。

第二节　计算云服务

计算云服务主要包括以下几种：弹性云服务器 ECS、云耀云服务器、裸金属服务器 BMS、云手机 CPH、镜像服务 IMS、函数工作流 FunctionGraph、弹性伸缩 AS、专属云、专属主机等。

一、弹性云服务器

弹性云服务器是由 CPU、内存、操作系统、云硬盘组成的基础的计算组件。弹性云服务器创建成功后，就可以像使用自己的本地 PC 或物理服务器一样，在云上使用。

弹性云服务器的开通是自助完成的，我们只需要指定 CPU、内存、操作系统、规格、登录鉴权方式即可，同时也可以根据各自的需求随时调整弹性云服务器的规格，打造可靠、安全、灵活、高效的计算环境。

（一）弹性云服务器架构

通过和其他产品、服务组合，弹性云服务器可以实现计算、存储、网络、镜像安装等功能。

（1）弹性云服务器在不同可用区中部署（可用区之间通过内网连接），一个可用区发生故障后不会影响同一区域内的其他可用区。

（2）可以通过虚拟私有云建立专属的网络环境，设置子网、安全组，并通过弹性公网 IP 实现外网链接（需带宽支持）。

（3）通过镜像服务，可以对弹性云服务器安装镜像，也可以通过私有镜像批量创建弹性云服务器，实现快速的业务部署。

（4）通过云硬盘服务实现数据存储，并通过云硬盘备份服务实现数据的备份和恢复。

（5）云监控是保持弹性云服务器可靠性、可用性和性能的重要部分，通过云监控，用户可以观察弹性云服务器资源。

（6）云备份（Cloud Backup and Recovery，CBR）提供对云硬盘和弹性云服务器的备份保护服务，支持基于快照技术的备份服务，并支持利用备份数据恢复服务器和磁盘的数据。

（二）弹性云服务器的优点

（1）丰富的规格类型：提供多种类型的弹性云服务器，可满足不同的使用场景，每种类型的弹性云服务器包含多种规格，同时支持规格变更。

（2）丰富的镜像类型：可以灵活便捷地使用公共镜像、私有镜像或共享镜像申请弹性云服务器。

（3）丰富的磁盘种类：提供普通 I/O、高 I/O、超高 I/O 三种性能的硬盘，满足不同业务场景需求。

（4）灵活的计费模式：支持包年/包月或按需计费模式购买云服务器，满足不同应用场景，根据业务波动随时购买和释放资源。

（5）数据可靠：基于分布式架构的，可弹性扩展的虚拟块存储服务；具有高数据可靠性，高 I/O 吞吐能力。

（6）安全防护：支持网络隔离、安全组规则保护，远离病毒攻击和木马威胁；支持 Anti-DDoS 流量清洗、Web 应用防火墙、漏洞扫描等多种安全服务，提供多维度防护。

（7）弹性易用：根据业务需求和策略，自动调整弹性计算资源，高效匹配业务要求。

（8）高效运维：提供控制台、远程终端和 API 等多种管理方式，拥有完全管理权限。

（9）云端监控：实时采样监控指标，提供及时有效的资源信息监控告警，通知随时触发随时响应。

（10）负载均衡：弹性负载均衡将访问流量自动分发到多台云服务器，扩展应用系统对外的服务能力，实现更高水平的应用程序容错性能。

（三）弹性云服务器的使用管理

弹性云服务器的使用管理共分为六部分，分别是登录 ECS、生命周期管理、配置变更、重装/切换操作系统、一键式重置密码、备份云服务器。

1. 登录 ECS

（1）Windows 系统下登录：①VNC 方式登录。未绑定弹性公网 IP 的弹性云服务器可通过管理控制台提供的远程登录方式直接登录。②MSTSC 方式登录。适用于 Windows 弹性云服务器。可以通过在本机运行 MSTSC 方式登录弹性云服务器。此时，弹性云服务器需绑定弹性公网 IP。

（2）Linux 系统下登录：①VNC 方式登录。未绑定弹性公网 IP 的弹性云服务器可通过管理控制台提供的远程登录方式直接登录。②SSH 方式登录。仅适用于 Linux 弹性云服务器。可以使用远程登录工具（例如 Putty）登录弹性云服务器。此时，弹性云服务器需绑定弹性公网 IP。

2. 生命周期管理

生命周期管理是指弹性云服务器从创建到删除（或释放）的整个过程。ECS 的生命周期管理包括启动、关闭、重启、删除。

3. 配置变更

如果弹性云服务器的规格无法满足业务需要时，可变更规格，升级 vCPU、内存。如果需要长期使用当前弹性云服务器，可以将"按需计费"方式购买的 ECS 转为"转包周期"计费模式，以节省开支。

4. 重装/切换操作系统

（1）重装操作系统。弹性云服务器操作系统无法正常启动时，或系统运行正常，但需要对系统进行优化，使其在最优状态下工作时，可以重装操作系统。

（2）切换操作系统。弹性云服务器当前使用的操作系统不能满足业务需求（如软件要求的操作系统版本较高）时，可以切换操作系统。

5. 一键式重置密码

使用场景：ECS 密码丢失、密码过期。

前提条件：ECS 已提前安装一键式重置密码插件。

说明：使用公共镜像的云服务器，默认已安装一键式重置密码插件。

6．备份云服务器

为最大限度保障用户数据的安全性和正确性，确保业务安全，用户可以为云服务器创建整机备份，利用多个云硬盘一致性备份数据恢复服务器业务数据。

二、弹性伸缩服务

弹性伸缩是根据用户的业务需求，通过策略自动调整其业务资源的服务。可以根据业务需求自行定义伸缩策略，从而降低人为反复调整资源以应对业务变化和负载高峰的工作量，能够节约资源和人力运维成本。弹性伸缩支持自动调整弹性云服务器和带宽资源。

（一）弹性伸缩服务的优势

1．低成本

只按实际用量收取云服务器费用或带宽费用，降低运维成本，让用户的投资用在刀刃上。

2．高可用

自动检测伸缩组中的实例运行状况，启用新实例替换不健康实例，保证业务健康可用。

3．自动灵活

多种策略配置（定时、周期、动态），自动增加或减少弹性云服务器。自动将新增加的弹性云服务器添加至负载均衡监听器中。

4．可视化

提供伸缩组内整体的监控图表及伸缩变更视图，方便用户进行业务预测和运维管理。

（二）弹性伸缩服务的应用场景

1．Web 应用服务

常见 Web 服务的逻辑层服务器扩缩容。如企业网站、电商、视频网站、在线教育、移动应用等，客户端的请求通过负载均衡到达应用服务器。当访问量快速变化时，弹性伸缩服务可根据请求量弹性扩缩应用服务器的数量。若使用了伸缩带宽功能，弹性伸缩服务也可根据访问流量自动调整 IP

公网带宽大小。

2．高性能计算集群部署

常见 Web 服务的分布式后台扩缩容。如分布式大数据计算的计算节点、数据检索服务器等后端计算集群，根据计算量大小实时调整集群服务器数量。

3．请求类服务器部署

用于发送请求或收集数据的服务器集群的部署。此类服务有明显的时效性，可依靠弹性伸缩服务快速完成请求服务器的创建部署和容量的扩大或缩小。

（三）AS 使用管理

1．伸缩组

伸缩组是具有相同属性和应用场景的云服务器和伸缩策略的集合，是启停伸缩策略和进行伸缩活动的基本单位，包括创建伸缩组、添加负载均衡器到伸缩组、为伸缩组添加/更换伸缩配置、启用伸缩组、停用伸缩组、修改伸缩组、删除伸缩组。

2．伸缩配置

伸缩配置用于定义伸缩组内待添加的云服务器的规格数据，也就是定义了资源扩展时的云服务器的规格，包括使用已有云服务器创建伸缩配置、使用新模板创建伸缩配置、复制伸缩配置、删除伸缩配置。

3．伸缩活动——资源扩展

当业务需求增大时，需要通过伸缩活动实现资源扩展。资源的扩展方式主要包括动态扩展资源、按计划扩展资源、手动扩展资源。

4．伸缩活动——实例移出策略

主要包括根据较早创建的配置，较早创建的实例；根据较早创建的配置，较晚创建的实例；较早创建的实例；较晚创建的实例。

5．伸缩活动——伸缩活动的查询

在伸缩组基本信息页面中，在"监控"页签中，可通过选择"图形"和"表格"两种方式查看伸缩活动的日志。伸缩组监控数据为伸缩组内所有虚拟机实例的平均值。

6. 伸缩活动——生命周期挂钩

添加生命周期挂钩后，当伸缩组进行伸缩活动时，正在加入或正在移出伸缩组的实例将被挂钩挂起并置于等待状态，能够在实例保持等待状态的时间内执行自定义操作。例如，可以在新启动的实例上安装或配置软件，也可以在实例终止前从实例中下载日志文件。主要包括添加挂钩、修改挂钩、删除挂钩、进行回调等操作。

7. 伸缩活动——管理伸缩策略

伸缩策略是触发伸缩活动的条件和执行的动作，当满足条件时，会触发一次伸缩活动。AS 支持对伸缩策略进行创建伸缩策略、修改伸缩策略、删除伸缩策略、启用伸缩策略、停用伸缩策略、立即执行伸缩策略等操作。

8. 伸缩组和实例的监控

健康检查会将异常的实例从伸缩组中移除，伸缩组会重新创建新的实例，以使伸缩组的期望实例数和当前实例数保持一致，伸缩组的健康检查方式主要包括以下两种。

（1）云服务器健康检查。指对云服务器的运行状态进行检查，如关机、删除都是云服务器异常状态。伸缩组会自动将异常状态的云服务器移出伸缩组。

（2）弹性负载均衡健康检查。指根据 ELB 对服务器的健康检查结果进行检查。在将多个弹性负载均衡器添加到伸缩组时，只要有一个负载均衡器检测到云服务器状态异常，伸缩组就会将该云服务器移出伸缩组。

三、镜像服务

镜像是一个包含了软件及必要配置的云服务器或裸金属服务器模版，包含操作系统或业务数据，还可以包含应用软件（如数据库软件）和私有软件。

镜像服务提供简单方便的镜像自助管理功能。用户可以灵活便捷地使用公共镜像、私有镜像或共享镜像申请弹性云服务器和裸金属服务器。同时，用户还能通过已有的云服务器或使用外部镜像文件创建私有镜像。

（一）镜像的分类

镜像分为公共镜像、私有镜像和共享镜像。公共镜像为系统默认提供的镜像，私有镜像为用户自己创建的镜像，共享镜像为其他用户共享的私有镜像。

私有镜像包括系统盘镜像、数据盘镜像和整机镜像。

1．系统盘镜像

包含用户运行业务所需的操作系统、应用软件的镜像。系统镜像可以用于创建云服务器，迁移用户业务到云。

2．数据盘镜像

只包含用户业务数据的镜像。数据盘镜像可以用于创建云硬盘，将用户的业务数据迁移到云上。

3．整机镜像

包含用户运行业务所需的操作系统、应用软件和业务数据的镜像。

（二）镜像的优势

1．便捷

用户可通过弹性云服务器或者云服务器系统盘备份制作私有镜像，也可通过镜像批量开通云服务器。

2．安全

使用多份冗余存储私有镜像，具有高数据持久性。

3．灵活

可通过控制台或开放 API，完成对镜像的自定义管理，帮助用户轻松搞定镜像管理。

4．统一

通过自定义镜像，实现应用系统统一部署与升级，提高维护效率。保证应用环境的一致性，简化升级维护。

（三）创建私有镜像

创建私有镜像有以下几种方法。

（1）通过云服务器创建 Windows 系统盘镜像。

（2）通过云服务器创建 Linux 系统盘镜像。

（3）通过外部镜像文件创建 Windows 系统盘镜像。

（4）通过外部镜像文件创建 Linux 系统盘镜像。

（5）通过云服务器的数据盘创建数据盘镜像。

（6）通过外部镜像文件创建数据盘镜像。

（7）通过云服务器创建整机镜像。

（8）通过云服务器备份（Cloud Server Backup Service，CSBS）创建整机镜像。

第三节 存储云服务

一、云硬盘

云硬盘可以为云服务器提供高可靠、高性能、规格丰富并且可弹性扩展的块存储服务，可满足不同场景的业务需求，适用于分布式文件系统、开发测试、数据仓库以及高性能计算等场景。云服务器包括弹性云服务器和裸金属服务器。

云硬盘简称磁盘，类似 PC 中的硬盘，需要挂载至云服务器，无法单独使用。可以对已挂载的云硬盘执行初始化、创建文件系统等操作，并且把数据持久化地存储在云硬盘上。

（一）云硬盘的优势

云硬盘为云服务器提供规格丰富、安全可靠、可弹性扩展的硬盘资源。

1. 规格丰富

提供多种规格的云硬盘，可挂载至云服务器，用作数据盘和系统盘，可以根据业务需求及预算选择合适的云硬盘。

2. 弹性扩展

可以创建的单个云硬盘的最小容量为 10GB，最大容量为 32TB。若已有的云硬盘容量不足以满足业务增长对数据存储空间的需求，可以根据需求进行扩容，最小扩容步长为 1GB，单个云硬盘最大可扩容至 32TB。同时支持平滑扩容，无须暂停业务。

3. 安全可靠

系统盘和数据盘均支持数据加密，保护数据安全。云硬盘支持备份、快照等数据备份保护功能，为存储在云硬盘中的数据提供可靠保障，防止应用异常、黑客攻击等情况造成的数据错误。

4. 实时监控

配合云监控（Cloud Eye），随时掌握云硬盘健康状态，了解云硬盘运行状况。

（二）磁盘模式

1. VBD

云硬盘的磁盘模式默认为 VBD 类型。VBD 类型的云硬盘只支持简单的 SCSI 读写命令。

2. SCSI

SCSI 类型的云硬盘支持 SCSI 指令透传，允许云服务器操作系统直接访问底层存储介质。除了简单的 SCSI 读写命令，SCSI 类型的云硬盘还可以支持更高级的 SCSI 命令。

SCSI 云硬盘：BMS 仅支持使用 SCSI 云硬盘，用作系统盘和数据盘。

SCSI 共享云硬盘：使用共享云硬盘时，需要结合分布式文件系统或者集群软件使用。由于多数常见集群需要使用 SCSI 锁，例如 Windows MSCS 集群、Veritas VCS 集群和 CFS 集群，因此建议结合 SCSI 使用共享云硬盘。

（三）云硬盘的使用管理

云硬盘在使用的时候，一般都是和弹性云服务器功能一起使用，所以就避免不了对云硬盘的管理，比如挂载、卸载、扩容等，接下来就详细说明一下如何进行云硬盘的使用管理。

1. 云硬盘挂载

云硬盘无法独立使用，需要挂载至云服务器，供云服务器作为数据盘使用。系统盘在创建云服务器时自动添加，不需要再次进行挂载。

数据盘可以在创建云服务器的时候创建并自动挂载。单独购买云硬盘后，需要执行挂载操作，将磁盘挂载至云服务器。非共享数据盘只可以挂载至 1 台云服务器。共享数据盘可以挂载至 16 台云服务器。

云硬盘挂载过程：可用→正在挂载→挂载成功后变为正在使用。

2．云硬盘卸载

云硬盘挂载至云服务器后，状态为正在使用。需要执行的某些操作要求云硬盘状态为可用时，需要将云硬盘从云服务器卸载，例如从快照回滚数据。

当卸载系统盘时，仅在挂载该磁盘的云服务器处于"关机"状态时，才可以卸载磁盘，运行状态的云服务器需要先关机，然后再卸载相应的磁盘。

当卸载数据盘时，可在挂载该磁盘的云服务器处于"关机"或"正在使用"状态时进行卸载。云硬盘卸载过程：正在使用→正在卸载→卸载成功后变为可用。

3．云硬盘删除

当云硬盘不再使用时，可以删除云硬盘，以释放虚拟资源。删除云硬盘后，将不会对该云硬盘收取费用。

当云硬盘状态为"可用""错误""扩容失败""恢复数据失败"和"回滚数据失败"时，才可以删除磁盘。

对于共享云硬盘，必须卸载所有的挂载点之后才可以删除。删除云硬盘时，会同时删除所有云硬盘数据，通过该云硬盘创建的快照也会被删除，要谨慎操作。

云硬盘删除过程：可用（扩容失败&错误&恢复数据失败&回滚数据失败）→正在删除→删除成功后将无法看到（删除失败后变为删除数据失败）。

4．云硬盘扩容

当云硬盘空间不足时，可以有如下两种处理方式：申请一块新的云硬盘，并挂载至云服务器；扩容原有云硬盘空间，系统盘和数据盘均支持扩容。

可以对状态为"正在使用"或者"可用"的云硬盘进行扩容：扩容状态为"正在使用"的云硬盘，即当前需要扩容的云硬盘已经挂载至云服务器；扩容状态为"可用"的云硬盘，即当前云硬盘空间不足。

云硬盘状态为可用的扩容过程：可用→正在扩容→扩容成功后变为可用（扩容失败后变为扩容数据失败）。

云硬盘状态为正在使用的扩容过程：正在使用→正在扩容→扩容成功后变为可用（扩容失败后变为扩容数据失败）。

5. 云硬盘备份

备份云硬盘通过云硬盘备份服务提供的功能实现：只有当云硬盘的状态为"可用"或者"正在使用"时，可以创建备份；通过备份策略，可以实现周期性备份云硬盘中的数据，从而提升数据的安全性；当云硬盘数据丢失时，可以从备份恢复数据。

云硬盘从备份恢复数据过程：可用→正在恢复→恢复成功后变为可用（恢复失败后变为恢复数据失败）。

6. 云硬盘快照

通过云硬盘可以创建快照，从而保存指定时刻的云硬盘数据。当快照不再使用时，可以删除快照以释放虚拟资源。可以通过快照创建新的云硬盘。

如果云硬盘的数据发生错误或者损坏，可以回滚快照数据至创建该快照的云硬盘，从而恢复数据：只支持回滚快照数据至源云硬盘，不支持回滚到其他云硬盘；只有当快照的状态为"可用"，并且源云硬盘状态为"可用"（即未挂载至云服务器）或者"回滚数据失败"时，才可以执行该操作。

云硬盘从快照回滚数据的过程：可用（回滚数据失败）→正在回滚→回滚成功后变为可用（回滚失败后变为回滚数据失败）。

二、云硬盘备份

华为云提供两种类型的云备份服务，针对病毒入侵、人为误删除、软硬件故障等场景，为数据保驾护航，分别是云服务器备份和云硬盘备份。

云硬盘备份使客户的数据更加安全可靠。当客户的云硬盘出现故障或云硬盘中的数据发生逻辑错误时（如误删数据、遭遇黑客攻击或病毒危害等），可快速恢复数据。

（一）云硬盘备份的产品架构

使用 VBS 对云硬盘备份后产生的数据会存放至对象存储服务中，在需要时即可使用备份对硬盘数据进行恢复，或使用备份创建新的云硬盘。

通过和对象存储服务及云硬盘的结合，云硬盘备份能高度保障客户的备份数据安全。

VBS 基于快照技术实现对云硬盘数据的保护，支持在线备份，不需要在业务系统中安装代理。

VBS 支持全量备份和增量备份。无论是全量还是增量都可以方便地将云硬盘恢复至备份时刻的状态。

（二）云硬盘备份的优势和使用场景

1．云硬盘备份的优势

安全可靠：对象存储服务数据持久性高达 99.999999999%，高度保障备份数据安全。

简单易用：简单的备份/恢复界面，只需一键，便可轻松保护数据。

经济实惠：首次全量备份后，后续备份均为增量备份，减少备份占用空间。备份的存储空间按使用量付费，节省费用。

2．云硬盘备份的使用场景。

受黑客攻击或病毒入侵：通过云硬盘备份，可立即恢复到最近一次没有受黑客攻击或病毒入侵的快照点。

数据被误删：通过云硬盘备份，可立即恢复到删除前的快照点，找回被删除的数据。

应用程序更新出错：通过云硬盘备份，可立即恢复到应用程序更新前的快照点，使系统正常运行。

云服务器宕机：通过云硬盘备份，可立即恢复到宕机之前的快照点，使云服务器能再次正常启动。

（三）云硬盘备份的关键特性

1．在线备份

（1）基于快照技术实现对云硬盘数据的备份。

（2）支持在线进行备份，随时、按需进行备份。

（3）不需要停止业务系统。

（4）不需要卸载云硬盘。

（5）不需要在业务系统中安装代理。

（6）大大减少了对客户业务系统的影响。

（7）基于快照，无须在虚拟机上安装代理。

2．永久增量备份

（1）支持永久增量备份。

（2）极大地提高了备份效率。

（3）备份窗口缩减 95%。

（4）大大节省了备份数据存储空间。

（5）第一次备份时，系统默认进行全量备份。

（6）非第一次备份时，系统默认进行增量备份。

（7）不论全量或增量，任意一次备份都可以完整地恢复云硬盘数据，不依赖之前的备份。

3．备份数据保存到对象存储

（1）备份数据保存到对象存储，与本地存储分离，提高数据可靠性。

（2）备份数据可远程恢复到其他存储设备中，增强数据可靠性。

（3）对象存储费用低廉，大大降低了客户成本。

（4）无论进行几次备份，单个云硬盘仅需长期占用一个快照，减轻对本地存储的性能消耗，节省本地存储空间。

4．通过备份策略自动进行备份

（1）一个备份策略可绑定多个云硬盘，批量、自动备份，减轻了手动备份的工作量。

（2）通过设置备份时间，定时进行备份，避免了遗漏关键时间点的备份。

（3）通过设置备份数量，自动删除过期的备份，避免了创建大量无用备份。

三、对象存储服务

对象存储服务（OBS）是一个基于对象的海量存储服务，为客户提供海量、安全、高可靠、低成本的数据存储能力，包括创建、修改、删除桶，上传、下载、删除对象等。

（一）OBS 的产品架构

OBS 的基本组成是桶和对象。

桶是 OBS 中存储对象的容器，每个桶都有自己的存储类别、访问权限、所属区域等属性，用户在互联网上通过桶的访问域名来定位桶。

对象是 OBS 中数据存储的基本单位，一个对象实际是一个文件的数据与其相关属性信息的集合体，包括 Key、Metadata、Data 三部分。

1．Key

键值，即对象的名称，为经过 UTF-8 编码的长度大于 0 且不超过 1024 的字符序列。一个桶里的每个对象必须拥有唯一的对象键值。

2．Metadata

元数据，即对象的描述信息，包括系统元数据和用户元数据，这些元数据以键值对（Key-Value）的形式被上传到 OBS 中。

系统元数据由 OBS 自动产生，在处理对象数据时使用，包括 Date、Content-length、Last-modify、Content-MD5 等。

用户元数据由用户在上传对象时指定，是用户自定义的对象描述信息。

3．Data

数据，即文件的数据内容。

（二）OBS 的存储类别

OBS 提供了三种存储类别，即标准存储、低频访问存储、归档存储，从而满足客户业务对存储性能、成本的不同诉求。

（1）标准存储访问时延低，吞吐量高，因而适用于有大量热点文件（平均一个月多次）或小文件（小于 1MB），且需要频繁访问数据的业务场景，例如，大数据、移动应用、热点视频、社交图片等场景。

（2）低频访问存储适用于不频繁访问（平均一年少于 12 次）但在需要时也要求快速访问数据的业务场景，例如，文件同步/共享、企业备份等场景。与标准存储相比，低频访问存储有相同的数据持久性、吞吐量以及访问时延，且成本较低，但是可用性略低于标准存储。

（3）归档存储适用于很少访问（平均一年访问一次）数据的业务场景，例如，数据归档、长期备份等场景。归档存储安全、持久且成本极低，可以用来替代磁带库。为了保持成本低廉，数据取回时间可能长达数分钟到数小时不等。

OBS 分别提供桶级和对象级的存储类别。上传对象时，对象的存储类别默认继承桶的存储类别。也可以重新指定对象的存储类别。

修改桶的存储类别，桶内已有对象的存储类别不会修改，新上传对象时的默认对象存储类别随之修改。

（三）访问对象存储服务

对象存储服务提供了多种资源管理工具，可以选择以下任意一种方式访问并管理对象存储服务上的资源。

管理控制台：管理控制台是网页形式的。通过管理控制台，可以使用直观的界面进行相应的操作。

obsftp：obsftp 工具利用 pyftpdlib 库的 FTP 服务能力和对象存储云端存储能力，提供具有 FTP 接入的云上存储使用能力。在企业实际业务中，无须单独搭建 FTP 服务器和存储池，实现了业务和运维的轻量化，极大地降低了原有的 FTP 访问方式的技术成本。

obsutil：obsutil 是一款用于访问管理 OBS 的命令行工具，可以使用该工具对 OBS 进行常用的配置管理操作。对于熟悉命令行程序的用户，obsutil 是执行批量处理、自动化任务的不错选择。

obsfs：obsfs 是 OBS 提供的一款基于 FUSE 的文件系统工具，主要用于将并行文件系统挂载至 Linux 系统，让用户能够在本地像操作文件系统一样直接使用 OBS 海量的存储空间。

SDK：对 OBS 服务提供的 REST API 进行封装，以简化用户的开发工作。用户直接调用 SDK 提供的接口函数即可实现使用 OBS 业务能力的目的。

API：OBS 提供 REST 形式的访问接口，使用户能够非常容易地从 Web 应用中访问 OBS。用户可以通过本文档提供的简单的 REST 接口，在任何时间、任何地点、任何互联网设备上上传和下载数据。

四、弹性文件服务

弹性文件服务（SFS）提供按需扩展的高性能文件存储，可供云上多个弹性云服务器网络文件系统共享访问。弹性文件服务为用户提供一个完全托管的共享文件存储，能够弹性伸缩至 PB 规模，具备高可用性和持久性，为海量数据、高带宽型应用提供有力支持。

（一）SFS 的基本概念

1. NFS（Network File System，网络文件系统）

NFS 是一种用于分散式文件系统的协议，通过网络让不同的机器、不同的操作系统能够彼此分享数据。

2．CIFS（Common Internet File System，通用 Internet 文件系统）

CIFS 是一种网络文件系统访问协议。CIFS 是公共的或开放的 SMB 协议版本，由微软公司使用，它使程序可以访问远程 Internet 计算机上的文件并要求此计算机提供服务。通过 CIFS 协议，可实现 Windows 系统主机之间的网络文件共享。

3．文件系统

文件系统通过标准的 NFS 协议和 CIFS 协议为客户提供文件存储服务，用于网络文件远程访问，用户通过管理控制台创建共享路径后，即可在多个云服务器上进行挂载，并通过标准的 POSIX 接口对文件系统进行访问。

（二）SFS 的优势

与传统的文件共享存储相比，弹性文件服务具有以下优势：

1.文件共享

同一区域跨多个可用区的云服务器可以访问同一文件系统，实现多台云服务器共同访问和分享文件。

2．弹性扩展

弹性文件服务可以根据使用需求，在不中断应用的情况下，增加或者缩减文件系统的容量。一键式操作，轻松完成容量定制。

3．高性能、高可靠性

性能随容量的增加而提升，同时保障数据的高持久度，满足业务的增长需求。

4．无缝集成

弹性文件服务同时支持 NFS 和 CIFS 协议。通过标准协议访问数据，无缝适配主流应用程序进行数据读写。同时兼容 SMB 2.0/2.1/3.0 版本，Windows 客户端可轻松访问共享空间。

5．操作简单、成本低

操作界面简单易用，可轻松快捷地创建和管理文件系统。

（三）SFS 的应用场景

1．高性能计算

在仿真实验、生物制药、基因测序、图像处理、科学研究、气象预报等涉及高性能计算解决大型计算问题的行业，弹性文件系统为其计算能力、存储效率、网络带宽及时延提供重要保障。

2．媒体处理

在此类场景中，众多工作站会参与到整个节目的制作流程中，它们可能使用不同的操作系统，需要基于高带宽、低时延的文件系统共享素材。

3．文件共享

企业内部员工众多，而且需要共享和访问相同的文档和数据，这时可以通过文件服务创建文件系统来实现这种共享访问。

4．内容管理和 Web 目录

文件服务可用于各种内容管理系统，为网站、主目录、在线发行、存档等各种应用提供共享文件存储。

5．大数据和分析应用程序

文件系统能够提供高于 10Gbps 的聚合带宽，可及时处理诸如卫星影像等超大数据文件。同时文件系统具备高可靠性，避免系统失效影响业务的连续性。

第四节　云服务资源操作

一、网络云服务

（一）VPC 的概念

子网：子网是用来管理弹性云服务器网络平面的一个网络，可以提供 IP 地址管理、DHCP 访问、DNS 服务，子网内的弹性云服务器的 IP 地址都属于该子网。默认情况下，同一个 VPC 的所有子网内的弹性云服务器均可以进行通信，不同 VPC 的弹性云服务器不能进行通信。

弹性公网 IP：弹性公网 IP 是基于互联网上的静态 IP 地址，将弹性 IP 地址和子网中关联的弹性云服务器绑定和解绑，可以实现 VPC 通过固定的公网 IP 地址与互联网互通。

带宽：带宽是指弹性云服务器通过弹性 IP 访问公网时使用的带宽。

安全组：安全组是一个逻辑上的分组，为同一个 VPC 内具有相同安全保护需求并相互信任的弹性云服务器提供访问策略。安全组创建后，用户可以在安全组中定义各种访问规则，当云服务器加入安全组后，即受到这些访问规则的保护。安全组的默认规则是在出方向上的数据报文全部放行，安全组内的云服务器无须添加规则即可互相访问。

VPN：VPN 即虚拟专用网络，用于在远端用户和 VPC 之间建立一条安全加密的通信隧道，使远端用户通过 VPN 直接使用 VPC 中的业务资源。默认情况下，VPC 中的弹性云服务器无法与自己的数据中心或私有网络进行通信。如果需要将 VPC 中的弹性云服务器和数据中心或私有网络连通，可以启用 VPN 功能。

远端网关：隧道对端物理设备上的公网 IP，当前不同 IPSec VPN 的远端网关不能重复。

远端子网：通过隧道可达的目标网络地址，所有去往这个网络的 IP 包都会通过 IPSec VPN 隧道发送，可以配置多个远端子网。但是远端子网不能和 VPN 所在的 VPC 下的子网冲突。

（二）VPC 产品架构

VPC 产品架构可以分为 VPC 的组成、VPC 安全、VPC 连接。每个 VPC 由一个私网网段、路由表和至少一个子网组成。

私网网段：用户在创建 VPC 时，需要指定 VPC 使用的私网网段。当前 VPC 支持的网段有 10.0.0.0/8 ~ 24、172.16.0.0/12 ~ 24 和 192.168.0.0/16 ~ 24。

路由表：在创建 VPC 时，系统会自动生成默认路由表，默认路由表的作用是保证了同一个 VPC 下的所有子网互通。当默认路由表中的路由策略无法满足应用（如未绑定弹性公网 IP 的云服务器需要访问外网）时，可以通过创建自定义路由表来解决。

子网：云资源（如云服务器、云数据库等）必须部署在子网内。所以，VPC 创建完成后，需要为 VPC 划分一个或多个子网，子网网段必须在私网网段内。

（三）VPC 的优势

安全可靠：云上私有网络，租户之间 100% 隔离，VPC 能够支持跨 AZ

部署 ECS 实例。

灵活配置：网络规划自主管理，操作简单，轻松自定义网络部署。

高速访问：全动态 BGP 高速接入华为云，云上业务访问更流畅。

互联互通：华为云在安全隔离基础上，支持客户灵活配置 VPC 之间互联互通。

（四）VPC 的应用场景

1．通用性 Web 应用

适用场景：博客、简单的网站等。

场景特点：像使用普通网络一样，在 VPC 中托管 Web 应用或网站，也可以创建一个子网，在子网中启动云服务器，为云服务器申请弹性公网 IP 来联通 Internet，对外提供 Web 服务。

2．企业混合云

适用场景：电子商务类网站。

场景特点：通过 VPN 在传统数据中心与 VPC 之间建立通信隧道，可轻松实现企业的混合云架构，从而方便地使用云端的云服务器、块存储等资源，如启动额外的 Web 服务器提升业务负载能力。

3．高安全业务系统

适用场景：高安全业务系统。

场景特点：可通过安全组来控制多层 Web 应用之间的访问控制策略。例如，可以创建一个 VPC，将 Web 服务器和数据库服务器划分到不同的安全组中。Web 服务器所在的子网实现互联网访问，而数据库服务器只能通过内网访问，保护数据库服务器的安全，满足高安全场景。

二、弹性负载均衡

弹性负载均衡（ELB）通过将访问流量自动分发到多台弹性云服务器，扩展应用系统对外的服务能力，实现更高水平的应用程序容错性能。

（一）ELB 产品架构

弹性负载均衡器接受来自客户端的传入流量并将请求转发到一个或多个可用区中的后端服务器。

监听器：可以向弹性负载均衡器添加一个或多个监听器。监听器使用配置的协议和端口检查来自客户端的连接请求，并根据定义的转发策略将请求转发到一个后端服务器组里的后端服务器。

后端服务器组：每个后端服务器组使用指定的协议和端口号将请求转发到一个或多个后端服务器。

可以开启健康检查功能，对每个后端服务器组配置的运行状况进行检查。当后端某台服务器健康检查出现异常时，弹性负载均衡会自动将新的请求分发到其他健康检查正常的后端服务器上；而当该后端服务器恢复正常运行时，弹性负载均衡会将其自动恢复到弹性负载均衡服务中。

（二）ELB 的优势

高性能：集群支持最高 1 亿并发连接，满足用户的海量业务访问需求。

高可用：采用集群化部署，支持多可用区的同城双活容灾，无缝实时切换。

灵活扩展：根据应用流量自动完成分发，与弹性伸缩服务无缝集成，灵活扩展用户应用的对外服务能力。

简单易用：快速部署 ELB，实时生效，支持多种协议、多种调度算法可选，用户可以高效地管理和调整分发策略。

（三）ELB 的操作流程

（1）创建弹性负载均衡。
（2）查询弹性负载均衡。
（3）启用弹性负载均衡。
（4）停用弹性负载均衡。
（5）删除弹性负载均衡。
（6）调整带宽。

三、弹性云服务器的创建与使用

（一）弹性云服务器的创建

（1）打开控制台，进入"弹性云服务器"界面，单击"购买弹性云服务器"。

（2）选择计费模式（一般选择按需模式）、区域、CPU 架构和规格。

（3）选择镜像和磁盘类型。单击"下一步网络配置"。

（4）选择 VPC 网络、安全组、弹性公网 IP 和带宽。进入下一步，进行高级配置。

（5）输入登录凭证。进入下一步，确认配置

（6）确认所有配置。单击"立即购买"。

（7）在 ECS 列表中会出现购买来的弹性云服务器。

（二）弹性云服务器的登录使用

（1）单击"远程登录"，进入 ECS 界面。

（2）在服务器操作界面可以进行服务的部署和安装。

（3）在 ECS 主机的"更多"下拉列表中，可以进行对应的操作。

四、云硬盘的创建与使用

（一）云硬盘的创建

（1）从控制台进入"云硬盘"界面，单击"购买磁盘"。

（2）选择计费模式、区域、可用区、磁盘规格、磁盘名称。

（3）单击"立即购买"并提交。

（4）在磁盘列表会出现刚刚创建的磁盘，为"可用"状态，将其挂载至刚刚创建的 ECS 主机上。

（二）云硬盘的使用

（1）进入 ECS 主机，开始对新添加的磁盘进行分区。通过命令我们可以查看到新加入的磁盘。

（2）通过 Putty 工具，远程登录 ECS 主机，进行磁盘分区，分出一个大小为 30G 的主分区。

（3）进行分区的格式化，格式化为 ext 4 格式。

（4）后续 ECS 就可以使用该云硬盘的空间，如果使用剩余磁盘空间，可以按照之前的方法进行挂载。

第五章 云计算平台

第一节 Google 云计算平台

一、系统简介

Google 几乎所有著名的网络业务均基于其自行研发、设计、构建的云计算平台。Google 利用其庞大的云计算能力为搜索引擎、Google 地图、Gmail、社交网络等业务提供高效支持。

Google 很早就着手考虑海量数据存储和大规模计算问题，而这些技术在诞生几年之后才被命名为 Google 云计算技术。时至今日，Google 的云计算平台不仅支撑着本公司的各种业务，还通过开源、共享等方式影响着全球的云计算的发展进程。

Google 的云计算技术一开始主要针对 Google 特定的网络应用程序而定制开发的。针对数据规模超大的特点，Google 提出了一整套基于分布式集群的基础架构，利用软件来处理集群中经常发生的节点失效问题。

Google 发表了一系列云计算方向的论文，揭示其独特的分布式数据处理方法，向外界展示其研发并得到有效验证的云计算核心技术。从其发表的论文来看，Google 使用的云计算基础架构模式包括四个相互独立又紧密结合在一起的系统，包括文件系统 GFS、计算模式 MapReduce、分布式的锁机制 Chubby，以及分布式数据库 BigTable。

二、GFS 文件系统

为了能够满足 Google 迅速增长的数据处理需求，Google 设计并实现了 Google 文件系统 GFS。GFS 与过去的分布式文件系统拥有许多相同的目标，如性能、可伸缩性、可靠性以及可用性，然而，它的设计还受到 Google 应用负载和技术环境的影响。主要体现在以下四个方面。

第一，集群中的节点失效是一种常态，而不是一种异常。由于参与运算与处理的节点数目非常庞大，通常会使用上千个节点进行共同计算，因此，每时每刻总会可能有节点处在失效状态。需要通过软件程序模块，监视系统的动态运行状况，侦测错误，并且将容错和自动恢复系统集成在系统中。

第二，Google 系统中的文件大小与通常文件系统中的文件大小概念不一样，文件大小通常以 GB 甚至 TB 计。另外文件系统中的文件含义与通常文件不同，一个大文件可能包含大量数目的通常意义上的小文件。所以，设计预期和参数，如 I/O 操作和数据块尺寸，都要重新考虑。

第三，Google 文件系统中的文件读写模式和传统的文件系统不同。在Google 应用（如搜索引擎）中对大部分文件的修改，不是覆盖原有数据，而是在文件尾追加新数据。对文件的随机写是几乎不存在的。对于这类巨大文件的访问模式，客户端对数据块缓存失去了意义，追加操作成为性能优化和原子性（即把一个事务看成一个程序，要么被完整地执行，要么完全不执行）保证的焦点。

第四，文件系统的某些具体操作不再透明，而且需要应用程序的协助完成，应用程序和文件系统 API 的协同设计提高了整个系统的灵活性。例如，放松了对 GFS 一致性模型的要求，这样不用加重应用程序的负担，就可大大简化文件系统的设计；引入了原子性的追加操作，这样多个客户端同时进行追加的时候，就不需要额外的同步操作了。

总之，GFS 是为 Google 应用程序本身而设计的。据称，Google 已经部署了许多 GFS 集群，有的集群拥有超过 1000 个存储节点，超过 300TB 的硬盘空间，被不同机器上的数百个客户端频繁访问着。

三、MapReduce 编程模型

MapReduce 编程模型是一种处理大数据集的计算模式。用户通过 Map 函数处理每一个键值（key/value）对，从而产生中间的键值对集；然后指定一个 Reduce 函数合并所有的具有相同的 key 的 value 值，以这种方式编写的程序能自动在大规模的普通机器上并实现并行化。当程序运行的时候，系统的任务包括分割输入数据、在集群上调度任务、进行容错处理、管理机器之间必要的通信，这样就可以让那些没有分布式并行处理系统研发经验的程序员高效地利用分布式系统的海量资源。

在某些情况下，标准输入流和映射器、标准输出流和归约器可能会被融合成一个计算步骤。也假设 MapReduce 自身的定义有可能使任务在将数据传送给归约器前根据它们的值做出某种排序算法,尽管目前还没有在已发表的文献资料中找到根据。

目前有一些受欢迎的框架,比如 Apache 公司的推出的 Hadoop 平台,为开发者编写自己的 MapReduce 任务提供了环境和代码库。一般情况下,平台可以支持对 Java 和 Python 语言的处理、编译,并将代码分发到集群中的多个节点。

从以上的描述可以看到,一个任务产生的中间键值不一定与任务开始输入的键值和任务结束输出的键值保持一致,同理,对于任务开始阶段输入的键值对数量与任务结束后输出的键值对数量也是没有确定关系的,一个映射器实例或者一个归约器实例在处理了一批键值对后可能只输出零个、一个或者多于一个的键值对,都是有可能的。

此外,多个 MapReduce 任务之间是可以迭代进行的,归约器的输出可以作为子循环阶段中映射器的输入。Google 提出的 PageRank 算法就是由 3 个 MapReduce 迭代组成的,其中第 2 个 MapReduce 会重复进行直到某个阈值达到收敛为止,在这个算法中,每一个阶段的映射器和归约器都是不同的。

尽管 MapReduce 的架构设计在理论上与传统的架构设计方式相比显得不那么自然,但是对于一个没有经验的开发人员来说,这种架构仍然显示了一个关键的优势,一旦一个问题已经被正确划分成多个映射和归约任务后,就可以自然而然地将这些任务分配到云中的多个节点中去执行。实际上,输入数据的一个分块可以被多个输入流同时输入给 MapReduce,由于每一个映射步骤在处理键值对时是彼此透明的,那么任意数量的映射器实例就可以并行地对输入流产生的键值对进行处理。与此相似的是,每一批等待归约器处理的键值对只要保证有相同的键即可,这些键值对在归约器实例中也是被并行处理的。总而言之,整个计算流程需要执行的步骤将比顺序执行时大大减少。

四、分布式数据库 BigTable

BigTable 是一个分布式的结构化数据库系统,用来处理海量数据,通常是分布在数千台普通服务器上的 PB 级数据。Google 的很多项目使用

BigTable 存储数据，如搜索索引、Google Earth、Google Finance 等，这些应用对 BigTable 提出的要求无论是在数据量上（从 URL、网页到卫星图像），还是在响应速度上（从后端的批量处理到实时数据服务），均有很大的差异。尽管应用需求差异很大，但是，针对 Google 的这些产品，BigTable 还是成功地提供了一个灵活的、高性能的统一解决方案。

BigTable 模型中的数据模型包括行列及相应的时间戳，所有的数据都存放在表格中的单元里。BigTable 的内容按照行来划分，将多个行组成一个小表，保存到某一个服务器节点中，这一个小表就被称为 Tablet。

GFS、MapReduce 和 BigTable 是 Google 内部云计算基础平台的三个主要部分，除了这三个部分之外，Google 还建立了分布式的任务调度器、分布式的锁机制等一系列相关模块。

五、典型应用

Google 在其云计算基础设施之上建立了一系列新型网络应用程序。由于借鉴了异步网络数据传输的 Web 2.0 技术，这些应用程序给予用户全新的界面感受，以及更加强大的多用户交互能力，其中典型的 Google 云计算应用程序就是 Google 推出的与 Microsoft Office 软件进行竞争的 Google Docs 网络服务程序。Google Docs 是一个基于 Web 的文档处理工具，具有和 Microsoft Office 相近的编辑界面，有一套简单易用的文档权限管理，而且它还记录下所有用户对文档所做的修改。Google Docs 的这些功能令它非常适用于网上共享与协作编辑文档，甚至可以用于监控责任清晰、目标明确的项目进度。当前，Google Docs 已经推出了文档编辑、电子表格、幻灯片演示、日程管理等多个功能的编辑模块，能够替代 Microsoft Office。值得注意的是，通过这种云计算方式形成的应用程序非常适合于多个用户进行共享及协同编辑，为一个小组的人员进行共同创作带来很大的方便性。

Google 可以说是云计算的最大实践者，但是，Google 的云计算平台主要用于支持其自有的业务系统，其云计算基础设施主要通过提供有限的应用程序接口来开放给第三方，如 GWT（Google Web Toolkit）及 Google Map API 等。Google 公开了其内部集群计算环境的一部分技术，使得全球的技术开发人员能够根据这一部分文档构建开源的大规模数据处理云计算基础设施，其中最有名的项目就是 Apache 基金会的 Hadoop 项目。

第二节　Amazon 云计算平台

一、系统简介

Amazon 依靠电子商务逐步发展起来，凭借其在电子商务领域积累的大规模基础处理设施、先进的分布式计算技术和巨大的用户群体，Amazon 很早就进入了云计算领域，并在云计算、云存储等方面一直处于领先地位。

Amazon 为外部的开发人员及中小公司提供了托管式的云计算平台 AWS，使得开发者能够在云计算的基础设施之上快速构建和发布自己的新型网络应用，用户可以通过远端的操作界面直接使用。在传统的云计算服务基础上，Amazon 不断进行技术创新，开发出了完整的云计算平台并推出一系列新颖、实用的云计算服务，目前 Amazon 的云计算服务主要包括：Amazon 弹性计算云 EC2、简单存储服务 S3、简单数据库服务 SimpleDB、简单队列服务 SQS、分布式计算服务 MapReduce、内容推送服务 CloudFront、电子商务服务 DevPay 和 FPS 等。这些服务涉及云计算的方方面面，用户完全可以根据自己的需要选取一个或多个 Amazon 云计算服务。所有的这些服务都是按需获取资源的，具有极强的可扩展性和灵活性。这里主要介绍 Amazon 的分布式文件系统 Dynamo、弹性计算云 EC2 和简单存储服务 S3，并剖析这些服务背后涉及的重要技术、服务的基本架构和核心思想。

二、分布式文件系统 Dynamo

（一）数据均衡分布

Dynamo 的重点设计要求之一是必须有很强的可扩展性，这就需要一个机制来将数据动态划分到系统中的节点上。Dynamo 使用改进后的一致性哈希算法解决这个问题。一致性哈希算法（Consistent Hash）是目前主流的分布式哈希表（Distributed Hash Table，DHT）协议之一，该算法通过修正简单哈希算法解决了网络中热点问题，使得 DHT 可以真正应用于 P2P 环境中。

Dynamo 基于一致性哈希算法根据自己的业务需求做出如下改进：每个节点被分配到环上的多点而不是映射到环上的一个单点。为此，Dynamo 使用了虚拟节点的概念，系统中一个虚拟节点看起来像单个节点，但每个节点可对多个虚拟节点负责。实际上，当一个新的节点添加到系统中时，它将被分配到环上的多个位置，使用虚拟节点具有以下优点。

如果一个节点由于故障或日常维护而不可用，这个节点处理的负载将被均匀地分布到剩余的可用节点。当一个节点再次可用，或一个新的节点添加到系统中，新的可用节点接收来自其他可用的每个节点大致相当的负载量。一个节点负责的虚拟节点的数目可以根据其处理能力来决定，这样可以顾及物理基础设施的异质性。

（二）数据冲突处理

Dynamo 提供数据的最终一致性保证，允许数据的更新操作异步传递到各个副本，但这种异步更新方式会导致一些问题，如在更新操作传递到所有副本之前执行 get 操作可能会得到一个"过时版本"的数据。

Dynamo 为了解决数据冲突问题，采用了最终一致性模型（Eventual Consistensy）。由于最终一致性模型不保证过程中数据的一致性，在某些情况下不同的数据副本可能会出现不同的版本，数据副本可能会以不同的顺序看到更新结果，而不同顺序的更新很可能会造成数据的不一致。为此，Dynamo 利用技术手段推断各个更新的实际发生次序，这种技术就是向量时钟。

（三）容错机制

1. 故障处理

Dynamo 如果使用传统的仲裁（Quorum）方式，将不能在服务器和网络出现故障的情况下保证可用性。为了弥补传统仲裁方式的缺陷，Dynamo 不严格执行仲裁，即使用了"弱仲裁（Sloppy Quorum）"方式，涉及三个参数：W、R 和 N，其中 W 代表一次成功的写操作至少需要写入的副本数，R 代表一次成功读操作需由服务器返回给用户的最小副本数，N 是每个数据存储的副本数，所有的读、写操作是由首选列表上的前 N 个正常节点执行的，此时执行节点并不限制为首选列表的前 N 个节点，而是限定为前 N 个正常节点。

使用隐射移交（Hinted Handoff），Dynamo 确保读和写操作不会因为节点临时故障或网络故障而失败。需要最高级别的可用性的应用程序可以设置形为 1，这确保了只要系统中有一个节点将 key 已经持久化到本地存储，一个写操作完成即意味着成功。因此，只有系统中的所有节点都无法使用时写操作才会被拒绝。然而，在实践中，大多数 Amazon 生产服务设置了更高的 W 来满足耐久性高级别的要求。

一个高度可用的存储系统具备处理整个数据中心的故障的能力是非常重要的。Dynamo 可以配置成跨多个数据中心地对每个对象进行复制，以应对数据中心由于断电、冷却装置故障及网络故障等导致的不可用情况。从本质上讲，一个 key 的首选列表的构造是基于跨多个数据中心的节点的，这些数据中心通过高速网络连接。这种跨多个数据中心的复制方案使 Dynamo 能够处理整个数据中心故障。

2．副本同步

Hinted Handoff 在系统成员流动性（Chum）低，节点短暂的失效的情况下工作良好。有些情况下，在暗示（hinted）副本移交回原来的副本节点之前，hinted 副本是不可用的。为了处理这样的，以及其他威胁的耐久性问题，Dynamo 实现了反熵（AntiEntropy，或叫做副本同步）协议来保持副本同步。

为了更快地检测副本之间的不一致性，并且减少传输的数据量，Dynamo 采用 MerkleTree。MerkleTree 是一个哈希树（Hash Tree），其叶子是各个 key 的哈希值。树中较高的父节点均为其各自孩子节点的哈希。MerkleTree 的主要优点是树的每个分支可以独立地检查，而不需要下载整个树或整个数据集。此外，MerkleTree 有助于减少为检查副本间不一致而传输的数据的大小。例如，如果两树的根哈希值相等，且树的叶节点值也相等，那么节点不需要同步。如果不相等，它意味着一些副本的值是不同的，在这种情况下，节点可以交换 children 的哈希值，这种递归处理直到树的叶子节点，此时主机可以识别出不同步的 key。MerkleTree 减少为同步而需要转移的数据量，减少了在反熵过程中磁盘执行读取的次数。

3．拓扑维护及错误检测

在 Amazon 环境中，节点中断（由于故障和维护任务）常常是暂时的，但持续的时间间隔可能会延长。一个节点故障很少意味着一个节点永久离开，因此应该不会导致对已分配的分区重新平衡（Rebalancing）和修复无法访问的副本。同样，人工错误可能导致意外启动新的 Dynamo 节点。基于这些原因，应当适当使用一个明确的机制来发起节点的增加和从环中移除节点。管理员使用命令行工具或浏览器连接到一个节点，并发出成员改变（Membership Change）指令指示一个节点加入到一个环或从环中删除一个节点。接收这一请求的节点写入成员变化，以及适时写入持久性存储。该成员的变化形成了历史，因为节点可以被删除、重新添加多次。一个基于 Gossip 的协议传播成员变动，并维持成员的最终一致性。每个节点每间隔一秒随机选择随机的对等节点，两个节点有效地协调它们持久化的成员变动历史。当一个节点第一次启动时，它选择它的 Token（在虚拟空间的一致哈希节点）并将节点映射到各自的 Token 集（Token Set）。该映射被持久到磁盘上，最初只包含本地节点和 Token 集。在不同的节点中存储的映射（节点到 Token 集的映射）将在协调成员的变化历史的通信过程中一同被协调。因此，划分和布局信息也是基于 Gossip 协议传播的，因此每个存储节点都了解对等节点所处理的标记范围，这使得每个节点都可以直接转发一个 key 的读/写操作到正确的数据集节点。

上述机制可能会暂时导致逻辑分裂的 Dynamo 环，例如，管理员可以将节点 A 加入到环，然后将节点 B 加入环。在这种情况下，节点 A 和 B 各自都将认为自己是环的一员，但都不会立即了解到其他的节点（也就是 A 不知道 B 的存在，B 也不知道 A 的存在，这叫逻辑分裂）。为了防止逻辑分裂，有些 Dynamo 节点扮演种子节点的角色。种子的发现（Discovered）是通过外部机制来实现的，并且所有其他节点都知道（实现中可能直接在配置文件中指定 Seed Node 的 IP，或者实现一个动态配置服务，Seed Register）。因为所有的节点，最终都会和种子节点协调成员关系，逻辑分裂是极不可能的。种子可从静态配置或配置服务获得，通常情况下，种子在 Dynamo 环中是一个全功能节点。

Dynamo 中，故障检测是用来避免在进行 get（）和 put（）操作时尝试联系无法访问节点，同样还用于分区转移（Transferring Partition）和暗示副本的移交。为了避免在通信失败的尝试，一个纯本地概念的失效检测完全足够了：如果节点 B 不对节点 A 的信息进行响应（即使 B 响应节点 C 的消息），节点 A 可能会认为节点 B 失败。在一个客户端请求速率相对稳定并产生节点间通信的 Dynamo 环中，节点 A 可以快速发现节点 B 不响应时，节点 A 则使用映射到 B 的分区的备用节点服务请求，并定期检查节点 B 后来是否复苏。在没有客户端请求推动两个节点之间流量的情况下，节点双方并不真正需要知道对方是否可以访问或可以响应。

去中心化的故障检测协议使用一个简单的 Gossip 式的协议，使系统中的每个节点可以了解其他节点到达或离开的情况。早期 Dynamo 的设计使用去中心化的故障检测器以维持一个失败状态的全局性的视图，后来认为，节点的显式加入和离开的方法排除了对一个失败状态的全局性视图的需要。这是因为节点可以通过显式加入和离开的方法知道节点永久性（Permanent）增加和删除，而短暂的（Temporary）节点失效是由独立的节点在它们不能与其他节点通信时发现的（当转发请求时）。

三、弹性计算云 EC2

Amazon 弹性计算云 EC2 可以让使用者租用 IaaS 资源来运行自己的应用系统。EC2 通过提供 Web 服务的方式让使用者可以弹性地运行自己的 Amazon 机器映像，使用者可以在这个虚拟机器上运行任何自己想要的软件或应用系统。EC2 提供可调整的云计算能力，它旨在使开发者的网络计算变得更为容易，也更加便宜。EC2 具有以下的技术特性。

灵活性：EC2 允许用户对运行的实例类型、数量自行配置，还可以选择实例运行的地理位置，可以根据用户的需求改变实例的使用数量。

低成本：EC2 使得企业不必为暂时的业务增长而购买额外的服务器等设备，EC2 的服务按照使用时长来计费。

安全性：EC2 向用户提供了一整套安全措施，包括基于密钥对机制的 SSH 方式访问、可配置的防火墙机制等，同时允许用户对它的应用程序进行监控。

易用性：用户可以根据 Amazon 提供的模块自由构建自己的应用程序，同时 EC2 还会对用户的服务请求自动进行负载平衡。

容错性：利用系统提供的诸如弹性 IP 地址之类的机制，在故障发生时，EC2 能最大限度地保证用户服务维持在稳定水平。

EC2 的基本架构包括以下组件。

1. 弹性块存储

Amazon 弹性块存储（Elastic Block Store，EBS）为 EC2 实例提供持久性存储。Amazon EBS 卷需要通过网络访问，并且能独立于实例的生命周期而存在。Amazon EBS 卷是一种可用性和可靠性都非常高的存储卷，可用作 Amazon EC2 实例的启动分区，或作为标准块存储设备附加在运行的 Amazon EC2 实例上。将 Amazon EC2 实例作为启动分区使用时，实例可在停止后重新启动，因此用户可以仅支付维护实例状态时使用的存储资源。

由于 Amazon EBS 卷在后台会在单可用区内进行复制，因此 Amazon EBS 卷可以提高本地 Amazon EC2 实例存储的耐久性。想进一步提高耐久性的用户可以使用 Amazon EBS 创建存储卷时间点一致快照，这些快照随后将保存在 Amazon S3 中，并自动在多个可用区中复制。

2. 可用区域

可用区域（Zone）是 EC2 中独有的概念。Amazon EC2 可以将实例放在多个位置，Amazon EC2 位置由区域和可用区域构成。可用区域是专用于隔离其他可用区内故障的独立位置，可向相同区域中的其他可用区域提供低延迟的网络连接。通过启动独立可用区内的实例，可以保护用户的应用程序不受单一位置故障的影响。区域由一个或多个可用区域组成，其地理位置分散于独立的地理区域或国家/区域。

3. 通信机制

在 EC2 服务中，系统各个模块之间及系统和外界之间的信息交互是通过 IP 地址进行的。EC2 中的口地址包括三大类：公共 IP 地址（Public IP Address）、私有 IP 地址（Private IP Address）和弹性 IP 地址（Elastic IP Address）。这里主要介绍一下弹性 IP 地址。

弹性 IP 地址是专用于动态云计算的静态 IP 地址，它与用户的账户而非特殊实例关联，用户可以自行设置该地址。与传统静态 IP 地址不同，使用弹性 IP 地址，用户可以用编程的方法将公共 IP 地址重新映射到账户中的任何实例，从而掩盖实例故障或可用区故障。

Amazon EC2 可以将弹性 IP 地址快速重新映射到要替换的实例，这样用户就可以处理实例或软件问题，而不用等待数据技术人员重新配置或重新放置主机，或等待 DNS 传播到所有的客户。

4. 弹性负载平衡

弹性负载平衡（Elastic Load Balancing）能够实现在多个 Amazon EC2 实例间自动分配应用程序的访问流量，可以让用户实现更大的应用程序容错性能，同时持续提供响应应用程序传入流量所需要的负载均衡容量。弹性负载平衡可以检测出群体里不健康的实例，并自动更改路由，使其指向健康的实例，直到不健康的实例恢复为止。

5. 监控服务

Amazon 监控服务（Amazon Cloud Watch）是一种 Web 服务，用于监控通过 Amazon EC2 启动的 AWS 云资源和应用程序，可以显示资源利用情况、操作性能和整体需求模式，如 CPU 利用率、磁盘读取和写入，以及网络流量等度量值；用户可以获得统计数据、查看图表及设置度量数据警告；也可以提供自己的业务或应用程序度量数据。要使用 Amazon Cloud Watch，只需选择要监控的 Amazon EC2 实例即可，Amazon Cloud Watch 将开始汇集并存储监控数据，这些数据可通过 Web 服务 API 或命令行工具访问。

6. 自动缩放

自动缩放（Auto Scaling）可根据用户定义的条件自动扩展 Amazon EC2 容量，通过自动缩放，用户可以确保所使用的 Amazon EC2 实例数量在需求高峰期实现无缝增长，也可以在需求低谷期自动缩减，以最大程度降低成本。自动缩放适合每小时、每天或每周使用率都不同的应用程序，可通过 Amazon Cloud Watch 启用。

第三节 阿里云计算平台

一、系统简介

经过多年的发展，阿里云已经成长为国内最重要的云服务提供商之一，不但对外提供服务，还为阿里巴巴旗下的蚂蚁金服、淘宝和天猫提供数据存储、数据运算和安全防御等服务。目前，阿里云在国内外多个地区部署数据中心，并且拥有着极具竞争力的产品体系。

阿里云在发展过程中不仅吸收了很多开源的技术框架，如 Hadoop、Spark、Openstack 等，而且基于这些技术自主研发了更加贴合市场需求的阿里云飞天系统产品。

二、弹性计算服务

阿里云提供的弹性计算服务（Elastic Compute Service，ECS），支持大规模分布式计算，通过虚拟化技术整合 IT 资源，并提供自主管理、数据安全保障、自动故障恢复和抵御网络攻击等高级功能。

ECS 提供的基本功能包括以下几点。

1．镜像管理

支持 Windows 及 Linux 等操作系统。

2．远程操作

创建、启动、关闭、释放、修改配置、重置硬盘、管理主机名和密码、监控等。

3．快照管理

创建、取消、删除、回滚、挂载。

4．网络管理

管理公网 IP、IP 网段，设置 DNS 别名。

5．安全管理

设置安全组、自定义防火墙、DDOS 攻击检测。

此外，ECS 还提供故障恢复、在线迁移、自定义 Image、弹性内存等高级功能。

阿里云提供了快照机制，通过为云盘创建快照，用户可以保留某一个或者多个时间点的磁盘数据拷贝，有计划地对磁盘创建快照，可以保证用户的业务可持续运行。快照使用增量的方式，两个快照之间只有数据变化的部分才会被拷贝。

快照链是一个磁盘中所有快照组成的关系链，一个磁盘对应一条快照链。一条快照链会包括以下信息：

快照节点：快照链中的一个节点表示磁盘的一次快照。

快照容量：快照链中所有快照占用的存储空间。

快照额度：每条快照链最多只能有 64 个快照额度，包括手动创建及自动创建的快照，达到额度上限后，如果要继续创建自动快照，系统会自动将最早的自动快照删掉。

三、对象存储服务

对象存储服务（Object Storage Service，OSS）包含以下对象。

（一）存储空间（Bucket）

存储空间是用户用于存储对象的容器，所有的对象都必须隶属于某个存储空间。用户可以设置和修改存储空间属性用来控制地域、访问权限、生命周期等，这些属性设置直接作用于该存储空间内所有对象，因此用户可以通过灵活地创建不同的存储空间来完成不同的管理功能。

同一个存储空间内部的空间是扁平的，没有文件系统的目录等概念，所有的对象都是直接隶属于其对应的存储空间。每个用户可以拥有多个存储空间，存储空间的名称在 OSS 范围内必须是全局唯一的，一旦创建之后无法修改名称，存储空间内部的对象数目没有限制。

（二）对象（Object）

对象是 OSS 存储数据的基本单元，也被称为 OSS 的文件。对象由元信息（Object Meta）、用户数据（Data）和文件名（Key）组成。对象由存储空间内部唯一的 Key 来标识，对象元信息是一个键值对，表示了对象的一些属性，如最后修改时间、大小等信息，同时用户也可以在元信息中存储一些自定义的信息。

根据不同的上传方式，对象的大小限制是不一样的，分片上传最大支持 48.8TB，其他的上传方式最大支持 5GB。

对象的生命周期是从上传成功到被删除为止，在整个生命周期内，对象信息不可变更。重复上传同名的对象会覆盖之前的对象，因此，OSS 不支持类似文件系统的修改部分内容等操作。OSS 提供了追加上传功能，用户可以使用该功能不断地在 Object 尾部追加写入数据。

（三）区域（Region）

区域表示 OSS 的数据中心所在的物理位置。用户可以根据费用、请求来源等综合选择数据存储的区域。一般来说，距离用户更近的区域访问速度更快。

区域是在创建 Bucket 的时候指定的，一旦指定之后就不允许更改，该 Bucket 下所有的 Object 都存储在对应的数据中心，目前不支持 Object 级别的区域设置。

（四）访问域名（Endpoint）

Endpoint 表示 OSS 对外服务的访问域名。OSS 以 HTTP REST API 的

形式对外提供服务，当访问不同的区域时，需要不同的域名。通过内网和外网访问同一个区域所需要的 Endpoint 也是不同的。

（五）访问密钥（AccessKey）

访问密钥指的是访问身份验证中用到的 AccessKeyId 和 AccessKeySecret。OSS 通过使用 AccessKeyId 和 AccessKeySecret 对称加密的方法来验证某个请求的发送者身份。AccessKeyId 用于标识用户，AccessKeySecret 是用户用于加密签名字符串和 OSS 用来验证签名字符串的密钥，其中 AccessKeySecret 必须保密。对于 OSS 来说，AccessKey 的来源有：

Bucket 的拥有者申请的 AccessKey。

被 Bucket 的拥有者通过 RAM 授权第三方请求者的 AccessKey。

被 Bucket 的拥有者通过 STS 授权第三方请求者的 AccessKey。

Object 操作在 OSS 上具有原子性，操作要么成功要么失败，不会存在有中间状态的 Object。OSS 保证用户一旦上传完成之后读到的 Object 是完整的，OSS 不会返回给用户一个只上传成功了部分的 Object。

Object 操作在 OSS 上同样具有强一致性，用户一旦收到了一个上传（PUT）成功的响应，该上传的 Object 就已经立即可读，并且数据的三份副本已经写成功。不存在上传的中间状态，即 read-after-write 却无法读取到数据。对于删除操作也是一样的，用户删除指定的 Object 成功之后，该 Object 立即变为不存在。

强一致性方便了用户架构设计，可以像使用传统存储设备一样的逻辑使用 OSS，修改立即可见，无须考虑最终一致性带来的各种问题。

OSS 是一个分布式的对象存储服务，提供的是一个 Key-Value 对形式的对象存储服务。用户可以根据 Object 的名称（Key）唯一地获取该 Object 的内容。例如，虽然用户可以使用类似 test/test.jpg 的名字，但是这并不表示用户的 Object 是保存在 testl 目录下面的。对于 OSS 来说，test/testjpg 仅仅只是一个字符串，和 a.jpg 并没有本质的区别。因此不同名称的 Object 之间的访问消耗的资源是类似的。

文件系统是一种典型的树状的索引结构。一个名为 test/test.jpg 的文件，访问过程需要先访问到 testl 这个目录，然后在该目录下查找名为 testjpg 的文件。因此文件系统可以很轻易地支持文件夹的操作，如重命名目录、删除目录、移动目录等，因为这些操作仅仅只是对目录节点的操作。这种组织结构也决定了文件系统访问越深的目录消耗的资源也越大，操作拥有很多文件的目录也会变得非常慢。

对 OSS 来说，可以通过一些操作来模拟类似的功能，但是代价非常昂贵。例如，重命名目录，希望将 testl 目录重命名成 test2，那么 OSS 的实际操作是将所有以 testl/开头的 Object 都重新复制成以 test2/开头的 Object，这是一个非常消耗资源的操作。在使用 OSS 的时候要尽量避免类似的操作。

OSS 保存的 Object 是不支持修改的（追加写 Object 需要调用特定的接口，生成的 Object 也和正常上传的 Object 在类型上有差别）。用户哪怕是仅仅需要修改一个字节也需要重新上传整个 Object。而文件系统的文件是支持修改的，如修改指定偏移位置的内容、截断文件尾部等，这些特点也使得文件系统拥有广泛的适用性。但另外一方面，OSS 能支持海量的用户并发访问，而文件系统会受限于单个设备的性能。

因此，将 OSS 映射为文件系统是非常低效的，也是不建议的做法。如果一定要挂载成文件系统的话，也尽量只做写新文件、删除文件、读取文件这几种操作。使用 OSS 应该充分发挥其优点，即海量数据处理能力，优先用来存储海量的非结构化数据，如图片、视频、文档等。

四、开放表格存储

开放表格存储（Open Table Store，OTS）是构建在阿里云飞天系统之上的 NoSQL 数据存储服务，提供海量结构化数据的存储和实时访问。表格存储以实例和表的形式组织数据，通过数据分片和负载均衡技术，实现规模上的无缝扩展。应用通过调用表格存储 API/SDK 或者操作管理控制台来使用表格存储服务。

表格存储是一个即开即用，支持高并发、低延时、无限容量的 NoSQL 数据存储服务，具有很高的扩展性、可靠性、安全性等。

五、云数据库 RDS

云数据库 RDS（ApsaraDB for RDS）是一种稳定可靠、可弹性伸缩的在线数据库服务。基于飞天系统和全 SSD 盘存储，支持 MySQL、SQL Server、PostgreSQL 和 PPAS 引擎，默认部署主备架构且提供了容灾、备份、恢复、监控、迁移等解决方案。

六、大数据计算服务 MaxCompute

大数据计算服务 MaxCompute 是飞天平台之上的数据仓库解决方案。大数据计算服务向用户完善的数据导入方案，以及多种经典的分布式计算模型，能够更快速地解决用户海量数据计算问题，有效降低企业成本，并保障数据安全。

大数据计算服务采用抽象的作业处理框架，将不同场景的各种计算任务统一在同一个平台之上，共享安全、存储、数据管理和资源调度，为来自不同用户需求的各种数据处理任务提供统一的编程接口和界面，例如提供了数据上传下载通道、SQL、MapReduce、机器学习算法、图编程模型、流式计算模型多种计算分析服务。

Tunnel 是向用户提供的数据传输服务。该服务水平可扩展，支持 TB/PB 级数据导入、导出，适于全量或历史数据的批量导入。

DataHub 主要是针对实时数据上传提供的服务，具有延迟低、使用方便的特点，适用于增量数据的导入并且支持多种数据传输插件。

七、阿里云数加平台

（一）拖拽式操作界面

系统数据开发模块提供丰富的可视化组件，包括 MaxCompute SQL、数据同步、MaxCompute MapReduce、机器学习、虚拟节点，用户可以通过向开发画布拖拽组件的方式来完成新建工作流任务，组件配置即开发。

（二）个性化数据收藏与管理

系统数据管理模块提供个性化的数据收藏与管理功能，使用户能够收藏所关注的数据表，同时可对数据表的生命周期、基本信息、负责人等信息进行管理，也可查看数据表存储信息、分区信息、产出信息、血缘信息等内容。

（三）一键式跨项目任务发布

数据开发模块提供一键式将开发环境项目空间中的任务发布至测试环

境、预发环境或生产环境。

（四）可视化任务监控

运维中心提供可视化的任务监控管理工具，支持以 DAG 图的形式展示任务运行时的全局情况。异常管理便捷化，支持重跑、恢复、暂停和终止等操作。

八、阿里云盾系统

阿里云盾系统是阿里云的安全产品，该系统部署在阿里云平台之上并使用阿里云的计算能力，同时也为阿里云提供一层安全屏障。目前阿里云盾系统提供的安全服务包括：

（一）DDoS 防护服务

针对阿里云服务器在遭受大流量的 DDoS 攻击后导致服务不可用的情况下，推出的付费增值服务，用户可以通过配置高防 IP，将攻击流量引流到高防 IP，确保源站的稳定可靠。免费为阿里云上客户提供最高 5GB 的 DDoS 防护能力。

（二）安骑士

安骑士是一款免费云服务器安全管理软件，主要提供木马文件查杀、防密码暴力破解、高危漏洞修复等安全防护功能。

（三）阿里绿网

基于深度学习技术及阿里巴巴的海量数据支撑，提供多样化的内容识别服务，帮助用户降低违规风险。

（四）安全网络

一款集安全、加速和个性化负载均衡为一体的网络接入产品，用户通过接入安全网络，可以缓解业务被各种网络攻击造成的影响，提供就近访问的动态加速功能。

（五）DDoS 防御系统

DDoS 防御系统针对 Intemet 服务器（包括非阿里云主机）在遭受大流

量的 DDoS 攻击后导致服务不可用的情况下，让用户可以通过配置高防 IP，将攻击流量引流到高防 IP，确保源站的稳定可靠。

（六）网络安全专家服务

在云盾 DDoS 防御系统的基础上，推出的安全代维托管服务。该服务由阿里云盾系统的 DDoS 专家团队，为企业客户提供私家定制的 DDoS 防护策略优化、重大活动保障、人工值守等服务，让企业客户在日益严重的 DDoS 攻击下高枕无忧。

（七）服务器安全托管

为云服务器提供定制化的安全防护策略、木马文件检测和高危漏洞检测与修复工作。当发生安全事件时，阿里云安全团队提供安全事件分析、响应，并进行系统防护策略的优化。

（八）渗透测试服务

针对用户的网站或业务系统，通过模拟黑客攻击的方式，进行专业性的入侵尝试，评估出重大安全漏洞或隐患的增值服务。

（九）态势感知

专为企业安全运维团队打造，结合云主机和全网的威胁情报，利用机器学习进行安全大数据分析的威胁检测平台，可让客户全面、快速、准确地感知安全威胁。

第四节　开源云计算平台

一、OpenStack

OpenStack 是由美国国家航空航天局（National Aeronautics and Space Administration，NASA）和 Rackspace 合作研发并发起的，是 Apache 许可证授权的自由软件和开源的云计算平台项目。

OpenStack 支持几乎所有类型的云环境，其目标是提供实施简单、可大规模扩展、丰富、标准统一的云计算管理平台。OpenStack 通过各种互补的服务提供 IaaS 解决方案，每个服务提供 API 以进行集成。

OpenStack 旨在为公开云及私有云的建设与管理提供软件，首要任务是简化云的部署过程并为其带来良好的可扩展性，帮助服务商和企业内部实现类似于 Amazon EC2 和 S3 的云基础架构服务。OpenStack 除了 Rackspace 和 NASA 大力支持外，还有包括 Dell、Citrix、Cisco、Canonical 等重量级公司的贡献和支持，发展速度非常快。

OpenStack 是一整套开源软件项目的综合，它允许企业或服务提供者建立、运行自己的云计算和存储设施。OpenStack 包含两个最主要的模块——Nova 和 Swift，前者是 NASA 开发的虚拟服务器部署和业务计算模块；后者是 Rackspace 开发的分布式云存储模块，两者可以一起用，也可以分开单独用。

具体而言，OpenStack 的重要构成组件包括计算服务 Nova、存储服务 Swift、镜像服务 Glance、认证服务 Keystone、UI 服务 Horizon 等。

（一）OpenStack 计算设施 Nova

Nova 是 OpenStack 计算的弹性控制器，在 OpenStack 系统中，计算实例生命期所需的各种活动都将由 Nova 进行处理和支撑，这就意味着 Nova 以管理平台的身份登场，负责管理整个云的计算资源、网络、授权及测度。虽然 Nova 本身并不提供任何虚拟能力，但它将使用 libvirt API 与虚拟机的宿主机进行交互。Nova 通过 Web 服务 API 来对外提供处理接口，而且这些接口与 Amazon 的 Web 服务接口是兼容的。

Nova 的功能包括：实例生命周期管理、计算资源管理、网络与授权管理、基于 REST 的 API、异步连续通信、支持各种宿主（包括 Xen、XenServer/XCP、KVM、UML、VMware vSphere、Hyper-V），以及 OpenStack 计算部件。

Nova 包含 API 服务器（Nova-API Server）、消息队列（Rabbit-MQ Server）、运算工作站（Nova-Compute）、网络控制器（Nova-Network）、卷管理（Nova-Volume）和调度器（Nova-Scheduler）等主要部分：

1. API 服务器

API 服务器提供云设施与外界交互的接口，它是外界用户对云实施管理的唯一通道。通过使用 Web 服务来调用各种 EC2 的 API，API 服务器通过消息队列把请求送达至云内目标设施进行处理。作为对 EC2-API 的替代，用户也可以使用 OpenStack 的原生 API，我们把它叫做 OpenStack API。

2. 消息队列

OpenStack 内部在遵循 AMQP（高级消息队列协议）的基础上采用消息队列进行通信。Nova 对请求应答进行异步调用，当请求接收后便则立即触发一个回调。由于使用了异步通信，不会有用户的动作被长置于等待状态。例如，启动一个实例或上传一份镜像的过程较为耗时，API 调用就将等待返回结果而不影响其他操作，在此异步通信起到了很大作用，使整个系统变得更加高效。

3. 运算工作站

运算工作站的主要任务是管理实例的整个生命周期，它们通过消息队列接收请求并执行，从而对实例进行各种操作。在典型实际生产环境下，会架设许多运算工作站，根据调度算法，一个实例可以在可用的任意一台运算工作站上部署。

4. 网络控制器

网络控制器处理主机的网络配置，例如 IP 地址分配、配置项目 VLAN、设定安全群组，以及为计算节点配置网络。

5. 卷工作站

卷工作站管理基于 LVM 的实例卷，能够为一个实例创建、删除、附加卷，也可以从一个实例中分离卷。卷管理提供了一种保持实例持续存储的手段，当结束一个实例后，根分区如果是非持续化的，那么对其的任何改变都将丢失。可是，如果从一个实例中将卷分离出来，或者为这个实例附加上卷的话，即使实例被关闭，数据仍然保存其中。这些数据可以通过将卷附加到原实例或其他实例的方式而重新访问。重要数据务必要写入卷中。这种应用对于数据服务器实例的存储而言，尤为重要。

6. 调度器

调度器负责把 Nova-API 调用送达给目标。调度器以名为 Nova-Schedule 的守护进程方式运行，并根据调度算法从可用资源池中恰当地选择运算服务器。有很多因素都可以影响调度结果，如负载、内存、子节点的远近、CPU 架构等。Nova 调度器采用的是可插入式架构，目前 Nova 调度器使用了几种基本的调度算法：随机化，主机随机选择可用节点；可用化，与随机相似，只是随机选择的范围被指定；简单化，应用这种方式，主机选择负载最小者来运行实例，而负载数据可以从别处获得，如负载均衡服务器。

（二）OpenStack 镜像服务 Glance

OpenStack 镜像服务器是一套虚拟机镜像发现、注册、检索系统，我们可以将镜像存储到以下任意一种存储：本地文件系统（默认）、OpenStack 对象存储、S3 直接存储、S3 对象存储（作为 S3 访问的中间渠道）和 HTTP（只读）。Glance 包括 Glance 控制器和 Glance 注册器。

（三）OpenStack 存储设施 Swift

Swift 为 OpenStack 提供一种了分布式、持续虚拟对象存储，类似于 Amazon Web Service 的 S3 简单存储服务，它具有跨节点百级对象的存储能力。Swift 内建冗余和失效备援管理，能够处理归档和媒体流，特别是对大数据（千兆字节）和大容量（多对象数量）的测度非常高效。

Swift 的功能包括海量对象存储、大文件（对象）存储、数据冗余管理、归档能力、处理大数据集、为虚拟机和云应用提供数据容器、处理流媒体、对象安全存储、备份与归档、良好的可伸缩性。

Swift 中的组件如下。

1. Swift 代理服务器

用户都是通过 Swift-API 与代理服务器进行交互的，代理服务器正是接收外界请求的门卫，它检测合法的实体位置并路由它们的请求。此外，代理服务器也同时处理实体失效而转移时，故障切换的实体重复路由请求。

2. Swift 对象服务器

对象服务器是一种二进制存储，它负责处理本地存储中的对象数据的存储、检索和删除。对象是文件系统中存放的典型的二进制文件，具有扩展文件属性的元数据（xattr）。xattr 格式被 Linux 中的 ext3/4、XFS、Btrfs、JFS 和 ReiserFS 所支持，但是并没有有效测试证明在 XFS、JFS、ReiserFS、Reiser4 和 ZFS 下也同样能运行良好。XFS 被认为是当前最好的选择。

3. Swift 容器服务器

容器服务器将列出一个容器中的所有对象，默认对象列表将存储为 SQLite 文件，也可以修改为 MySQL。容器服务器也会统计容器中包含的对象数量及容器的存储空间耗费。

4. Swift 账户服务器

账户服务器与容器服务器类似，将列出容器中的对象。

5. Ring（索引环）

Ring 容器记录 Swift 中物理存储对象的位置信息，它是真实物理存储位置的实体名的虚拟映射，类似于查找及定位不同集群的实体真实物理位置的索引服务。这里所谓的实体指账户、容器、对象，它们都拥有属于自己的不同的 Ring。

（四）OpenStack 认证服务 Keystone

Keystone 为所有的 OpenStack 组件提供认证和访问策略服务，它依赖自身 REST（基于 Identity API）系统进行工作，主要对（但不限于）Swift、Glance、Nova 等进行认证与授权。事实上，授权通过对动作消息来源者请求的合法性进行鉴定。

Keystone 采用两种授权方式，一种基于用户名/密码，另一种基于令牌（Token）。除此之外，Keystone 提供以下三种服务。

令牌服务：含有授权用户的授权信息。

目录服务：含有用户合法操作的可用服务列表。

策略服务：利用 Keystone 具体指定用户或群组某些访问权限。Keystone 提供的认证服务由如下组件构成。

1. 入口

如 Nova、Swift 和 Glance 一样，每个 OpenStack 服务都有一个指定的端口和专属的 URL，我们称其为入口（Endpoints）。

2. 区位

在某个数据中心，一个区位具体指定了一处物理位置。在典型的云架构中，如果不是所有的服务都访问分布式数据中心或服务器的话，则也称其为区位。

3. 用户

Keystone 授权使用者，代表一个个体，OpenStack 以用户的形式来授权服务给它们。用户拥有证书（Credentials），且可能分配给一个或多个租户。

经过验证后，会为每个单独的租户提供一个特定的令牌。

4．服务

总体而言，任何通过 Keystone 进行连接或管理的组件都称为服务。例如，我们可以称 Glance 为 Keystone 的服务。

5．角色

为了维护安全限定，就云内特定用户可执行的操作而言，该用户关联的角色是非常重要的。一个角色是应用于某个租户的使用权限集合，以允许某个指定用户访问或使用特定操作。角色是使用权限的逻辑分组，它使得通用的权限可以简单地分组并绑定到与某个指定租户相关的用户。

6．租间

租间指的是具有全部服务入口并配有特定成员角色的一个项目。一个租间映射到一个 Nova 的 Project-ID，在对象存储中，一个租间可以有多个容器。根据不同的安装方式，一个租间可以代表一个客户、账号、组织或项目。

（五）OpenStack 管理界面 Horizon

Horizon 是一个用以管理、控制 OpenStack 服务的 Web 控制面板，它可以管理实例、镜像、创建密钥对，对实例添加卷、操作 Swift 容器等。除此之外，用户还可以在控制面板中使用终端（Console）或 VNC 直接访问实例。

Horizon 具有如下一些功能。

实例管理：创建、终止实例，查看终端日志，VNC 连接，添加卷等。

访问与安全管理：创建安全群组，管理密钥对，设置浮动 IP 等。偏好设定：可对虚拟硬件模板进行不同偏好设定。

镜像管理：编辑或删除镜像，查看服务目录，管理用户、配额及项目用途。用户管理：创建用户等。

卷管理：创建卷和快照。

对象存储处理：创建、删除容器和对象。

二、Hadoop

（一）分布式文件系统 HDFS

HDFS（Hadoop Distributed File System）默认的最基本的存储单位是

64MB 的数据块（Block）。和普通文件系统相同的是，HDFS 中的文件是被分成 64MB 一块的数据块存储的。不同于普通文件系统的是，HDFS 中，如果一个文件小于一个数据块的大小，并不占用整个数据块存储空间。

元数据节点（Namenode）用来管理文件系统的命名空间，其将所有的文件和文件夹的元数据保存在一个文件系统树中。这些信息也会在硬盘上保存成以下文件：命名空间镜像（Namespace Image）及修改日志（Log）。其还保存了一个文件包括哪些数据块，分布在哪些数据节点（Datanode）上。然而这些信息并不存储在硬盘上，而是在系统启动的时候从数据节点收集而成的。数据节点是文件系统中真正存储数据的地方，客户端或者元数据信息可以向数据节点请求写入或者读出数据块，其周期性地向元数据节点汇报其存储的数据块信息。

从元数据节点（Secondary Namenode）并不是元数据节点出现问题时候的备用节点，它和元数据节点负责不同的事情。其主要功能就是周期性地将元数据节点的命名空间镜像文件和修改日志合并，以防日志文件过大。这点在下面会详细叙述。合并过后的命名空间镜像文件也在从元数据节点保存了一份，以防元数据节点失败时可以恢复。

VERSION 文件是 Java Properties 文件，保存了 HDFS 的版本号；layoutVersion 是一个负整数，保存了 HDFS 的持续化在硬盘上的数据结构的格式版本号；namespaceID 是文件系统的唯一标识符，是在文件系统初次格式化时生成的；cTime 在此处为 0；storageType 表示此文件夹中保存的是元数据节点的数据结构。

文件系统命名空间映像文件及修改日志：当文件系统客户端进行写操作时，首先把它记录在修改日志中（Edit Log），元数据节点在内存中保存了文件系统的元数据信息。在记录了修改日志后，元数据节点则修改内存中的数据结构。每次的写操作成功之前，修改日志都会同步（Sync）到文件系统。

fsimage 文件，也即命名空间映像文件，是内存中的元数据在硬盘上的checkpoint，它是一种序列化的格式，并不能在硬盘上直接修改。

同数据的机制相似，当元数据节点失败时，则最新 checkpoint 的元数据信息从 fsimage 加载到内存中，然后逐一重新执行修改日志中的操作。

从元数据节点就是用来帮助元数据节点将内存中 checkpoint 的元数据信息写入到硬盘上的，过程如下：首先从元数据节点通知元数据节点生成新的日志文件，以后的日志都写到新的日志文件中；从元数据节点用 http.get 从元数据节点获得 fsimage 文件及旧的日志文件；从元数据节点将 fsimage 文件加载到内存中，并执行日志文件中的操作，然后生成新的 fsimage 文件；从元数据节点将新的 fsimage 文件用 http.post 传回元数据节点；元数据节点可以将旧的 fsimage 文件及旧的日志文件，换为新的 fsimage 文件和新的日志文件（第一步生成的），然后更新 fstime 文件，写入此次 checkpoint 的时间；这样元数据节点中的 fsimage 文件保存了最新的 checkpoint 的元数据信息，日志文件也重新开始。

（二）MapReduce

1. MapReduce 运行机制

首先是客户端要编写好 MapReduce 程序，配置好 MapReduce 的作业（Job），接下来就是提交 Job 到 Jobtracker 上，这时 Jobtracker 就会构建这个 Job，具体就是分配一个新的 Job 任务的 ID 值，接下来它会做检查操作，这个检查就是确定输出目录是否存在，如果存在那么 Job 就不能正常运行下去，Jobtracker 会抛出错误给客户端，接下来还要检查输入目录是否存在，如果不存在同样抛出错误；如果存在，Jobtracker 会根据输入计算输入分片（Input Split），如果分片计算不出来也会抛出错误。这些都做好了 Jobtracker 就会配置 Job 需要的资源了。分配好资源后，Jobtracker 就会初始化作业，初始化主要做的是将 Job 放入一个内部的队列，让配置好的作业调度器能调度到这个作业，作业调度器会初始化这个 Job。初始化就是创建一个正在运行的 Job 对象（封装任务和记录信息），以便 Jobtracker 跟踪 Job 的状态和进程。

初始化完毕后，作业调度器会获取输入分片信息（Input Split），每个分片创建一个 Map 任务。接下来就是任务分配了，这个时候 Tasktracker 会运行一个简单的循环机制定期发送心跳给 Jobtracker，心跳间隔是 5s，程序员可以配置这个时间。心跳就是 Jobtracker 和 Tasktracker 沟通的桥梁，通过心跳，Jobtracker 可以监控 Tasktracker 是否存活，也可以获取 Tasktracker 处理的状态和问题，同时 Tasktracker 也可以通过心跳里的返回值获取 Jobtracker 给它的操作指令。任务分配好后就是执行任务了，在任务执行时，Jobtracker 可以通过心跳机制监控 Tasktracker 的状态和进度，同时也能计算出整个 Job 的状态和进度，而 Tasktracker 还可以本地监控自己的状态和进度。当 Jobtracker

获得了最后一个完成指定任务的 Tasktracker 操作成功的通知时，Jobtracker 会把整个 Job 状态置为成功，当客户端查询 Job 运行状态时（这个是异步操作），客户端会查到 Job 完成的通知。如果 Job 中途失败，MapReduce 也会有相应机制处理，一般而言，如果不是程序员程序本身有 bug，MapReduce 错误处理机制都能保证提交的 Job 能正常完成。

2．MapReduce 的运行细节

（1）输入分片（Input Split）。在进行 Map 计算之前，MapReduce 会根据输入文件计算输入分片，每个输入分片针对一个 Map 任务，输入分片存储的并非数据本身，而是一个分片长度和一个记录数据的位置的数组，输入分片往往和 HDFS 的 Block（块）关系很密切，假如我们设定 HDFS 的块的大小是 64MB，如果我们输入有三个文件，大小分别是 3MB、65MB 和 127MB，那么 MapReduce 会把 3MB 文件分为 1 个输入分片，65MB 则是 2 个输入分片而 127MB 也是 2 个输入分片。换句话说我们如果在 Map 计算前做输入分片调整，例如合并小文件，那么就会有 5 个 Map 任务将执行，而且每个 Map 执行的数据大小不均，这个也是 MapReduce 优化计算的一个关键点。

（2）Map 阶段。就是程序员编写好的 Map 函数了，因此 Map 函数效率相对好控制，而且一般 Map 操作都是本地化操作，即在数据存储节点上进行。

（3）Combiner 阶段。Combiner 阶段是程序员可以选择的，Combiner 其实也是一种 Reduce 操作，因此我们看见 WordCount 类里是用 Reduce 进行加载的。Combiner 是一个本地化的 Reduce 操作，它是 Map 运算的后续操作，主要是在 Map 计算出中间文件前做一个简单的合并重复 key 值的操作。例如，我们对文件里的单词频率做统计，Map 计算时候如果碰到一个 Hadoop 的单词就会记录为 1，但是这篇文章里 Hadoop 可能会出现 n 多次，那么 Map 输出文件冗余就会很多，因此在 Reduce 计算前对相同的 key 做一个合并操作，那么文件会变小，这样就提高了宽带的传输效率，毕竟 Hadoop 计算力宽带资源往往是计算的瓶颈也是最为宝贵的资源。但是 Combiner 操作是有风险的，使用它的原则是 Combiner 的输入不会影响到 Reduce 计算的最终输入，例如，如果计算只是求总数、最大值、最小值可以使用 Combmer，但是做平均值计算使用 Combiner 的话，最终的 Reduce 计算结果就会出错。

（4）Shuffle 阶段。将 Map 的输出作为 Reduce 的输入的过程就是 Shuffle，这是 MapReduce 优化的重点地方。这里我不讲怎么优化 Shuffle 阶段，讲讲 Shuffle 阶段的原理，因为大部分的书籍里都没讲清楚 Shuffle 阶段。Shuffle 一开始就是在 Map 阶段做输出操作，一般 MapReduce 计算的都是海量数据，Map 输出时候不可能把所有文件都放到内存操作，因为 Map 写入磁盘的过程十分的复杂，更何况 Map 输出时候要对结果进行排序，内存开销是很大的。Map 在做输出时会在内存里开启一个环形内存缓冲区，这个缓冲区专门用来输出的，默认大小是 100MB，并且在配置文件里为这个缓冲区设定了一个阀值，默认是 0.80（这个大小和阀值可以在配置文件里进行配置），同时 Map 还会为输出操作启动一个守护线程，当缓冲区的内存达到了阀值的 80%时，这个守护线程就会把内容写到磁盘上，这个过程叫 Spill。另外的 20%内存可以继续写入要写进磁盘的数据，写入磁盘和写入内存操作是互不干扰的，如果缓存区被撑满了，那么 Map 就会阻塞写入内存的操作，让写入磁盘操作完成后再继续执行写入内存操作。前面我讲到写入磁盘前会有个排序操作，这个是在写入磁盘操作时候进行，不是在写入内存时候进行的，如果我们定义了 Combiner 函数，那么排序前还会执行 Combiner 操作。

每次 Spill 操作，也就是写入磁盘操作时候就会写一个溢出文件，也就是说，在做 Map 输出时有几次 Spill 就会产生多少个溢出文件，等 Map 输出全部完成后，Map 会合并这些输出文件。这个过程里还会有一个 Partitioner 操作，对于这个操作很多人都很迷糊，其实 Partitioner 操作和 Map 阶段的输入分片很像，一个 Partitioner 对应一个 Reduce 作业，如果 MapReduce 操作只有一个 Reduce 操作，那么 Partitioner 就只有一个，如果我们有多个 Reduce 操作，那么 Partitioner 对应的就会有多个，Partitioner 因此就是 Reduce 的输入分片。这个程序员可以编程控制，主要是根据实际 key 和 value 的值，根据实际业务类型或者为了更好的 Reduce 负载均衡要求进行，这是提高 Reduce 效率的一个关键所在。到了 Reduce 阶段就是合并 Map 输出文件了，Partitioner 会找到对应的 Map 输出文件，然后进行复制操作，这时 Reduce 会开启几个复制线程，线程的默认个数是 5 个（程序员也可以在配置文件更改复制线程的个数），这个复制过程和 Map 写入磁盘过程类似，也有阀值和内存大小，阀值一样可以在配置文件里配置，而内存大小是直接使用 Reduce 的 Tasktracker 的内存大小，复制时候 Reduce 还会进行排序操作和合并文件操作，这些操作完成后就会进行 Reduce 计算。

（5）Reduce 阶段。和 Map 函数一样也是由程序员编写的，最终结果存储在 HDFS 上。

（三）资源管理平台 Yarn

Yarn 的基本设计思想是将资源管理，以及 Job 的调度和监控功能拆分成两个单独的守护进程。

ResourceManager 和与 NodeManager 组成整个数据计算框架。ResourceManager 是系统中掌控所有应用的资源分配的最终决策者，NodeManager 是每台机器上的框架代理，它负责监测 Containers 的资源使用情况（CPU、内存、磁盘、网络），并向 ResourceManager 和 Scheduler 汇报。

每个应用程序的 ApplicationMaster 实际是一个特定的框架库（Framework Specific Library），其任务包括：

与 ResourceManager 协商并获得资源；

和 NodeManager 合作，执行和监控 tasks。

ResourceManager 由调度器（Scheduler）和应用管理器（Applications Manager）两个组件构成。调度器根据容量、队列等之间的密切约束，将系统中的资源分配给各个正在运行的应用。这里的调度器仅负责资源的调度，它不再负责监控或者跟踪应用的执行状态，有些任务因为应用程序或者硬件错误而失败时，也不再为任务的重启提供授权。调度器基于各个应用的资源需求进行调度，这种调度基于 Resource Container 的抽象概念，Resource Container 将内存、CPU、磁盘、网络等资源封装在一起。

调度器具有可插拔策略，主要负责将集群中得资源分配给多个队列和应用。Yam 当前有多个资源调度器，如 Capacity Scheduler 和 Fair Scheduler 等，它们都以插件的形式运行。

ApplicationsManager 负责接收作业提交，协商并获取第一个 Container 用于执行这个应用程序的 ApplicationMaster，以及提供重启失败的 ApplicationMaster Container 的服务。每一个应用程序的 ApplicationMaster 的任务包括：

和调度器协商并获得合适数量的 Resource Containers；

跟踪 Contamers 的状态和监控进展情况。

第六章　云计算与数据处理技术应用

第一节　数据的存储与管理

以互联网为计算平台的云计算，广泛地涉及海量数据的存储和管理。由于数据量非常巨大，一台计算机远远不能满足海量数据在存储、管理和可靠性等方面的需求。因此，采用云计算技术建设数据中心，通过分布式存储和并行计算构建基于互联网的超级计算环境，是当前的主流方式。由此带来的关键性问题就是如何在广泛的分布式环境下实现对数千台服务器上海量数据的有效存储和管理。

一、大数据存储与管理概述

随着云计算技术带来的分布式数据存储处理技术的飞速发展，我们切实迎来了一个海量数据的时代，大数据的分析和技术应用已成为各行各业的研究热点。美国政府宣布投资 2 亿美元启动"大数据研究和发展计划"，并认为大数据是"未来的新石油"，对未来的科技与经济发展必将带来深远影响。目前大数据研究的动力主要是企业经济效益，对于 IBM、Oracle、微软、Google、亚马逊、Facebook 等跨国巨头而言，大数据成为云计算时代的企业决策依据和技术发展主流，其潜在价值正在被发掘。

（一）大数据的基本特性

对于大数据，一直以来没有形成统一的概念。但可以肯定的是，当前云计算环境下的大数据绝不仅仅单指规模庞大的数据，在新的网络应用环境下，大数据具有容量大、多样性、生成速度快和应用价值性等特点，简单地被概括为"4V"特性（volume、variety、velocitv、value）。这些数据出现在人们日常生活和科学研究的各个领域，从电子商务到社交类网站，从生物基因、天文气象到物理实验等科学研究领域，这些大数据的特性使其在获取、存储、检索、共享、分析、融合及可视化等方面的处理十分复杂，难以在需求时间和标准下采用传统的关系数据库技术来完成。

1. 容量大

对于大数据而言，它比传统存储和分析解决方案所管理的数据要大几个数量级，从 TB 级上升到 PB、EB，甚至是可能的 YB 级数据，数据的增长速度大大超过了硬件技术的发展速度，从而对数据存储和分布式处理提出了更高的要求。

2. 多样性

传统二维表存储的结构化数据只占到大数据的一小部分，而更多的是以电子邮件、社交媒体、视频、图像、博客、传感器数据、Web 访问日志和搜索记录等不同格式生成的异构、复杂和多样化类型的数据，这些非结构化数据已经占到互联网数据的 75%以上。

3. 生成速度

大数据处理的目的是生成一个可实时查询的连续数据流，并可根据需求提供有用信息，对于快速变化的经济发展形势而言，把握数据的动态性和时效性，才是企业竞争不败的关键。

4. 价值

数据中隐藏着有价值的模式和信息，在以往需要相当的时间和成本才能提取这些信息。从基于机器学习、统计模型及图算法的深入、复杂的数据分析中获取可对未来趋势和模式提供预测性分析的重要洞察力，这种预测分析能力要胜过传统商业智能查询和综合报告的分析结果。

（二）大数据带来的挑战

一直以来，为解决大规模的数据存储和管理问题，最常用的解决方案就是提高软硬件配置、增加服务器数量、采用分布式数据库等方法，尽管短期内能够改善数据的访问性能，但类似问题在一定时间后仍会出现，这是因为这些技术仍然无法有效地解决提升系统性能与数据量飞速膨胀之间的矛盾。大数据对于现有 IT 架构和传统数据库技术产生了不可避免的冲击，也对当前云计算环境下实现大数据存储管理的可扩展性、高效性、容错性和成本控制等方面提出了更高的要求。

1. 存储管理的可扩展性

传统用于提高可扩展性的做法是通过冗余的磁盘预留方式实现的，从而能够在一定程度上保证有足够的存储空间。然而，云数据中心的节点规模动辄几万甚至几十万，存储数据量巨大，并且其规模也随着应用的拓展快速增加。因此，在数据中心建设初期，是无法通过合理的磁盘预留达到可扩展性要求的。

2. 存储管理的高效性

云计算环境下要达到大数据存储管理的高效性必须要同时具有高吞吐量、高并行性和高可用性的特点。高吞吐量是针对同时满足大量用户的数据访问需求而言的，系统要支持大量用户的并发请求处理和高速的网络数据传输功能。高并行性针对系统运行的性能而言，通过多个节点并行执行数据库任务，提高整个数据库系统的可用性。这完全颠覆了以往通过提高硬件配置来改善服务效能的做法。由于配置再高的机器也会有内存、硬盘、处理器等方面的瓶颈，且高性能计算机的高成本和可扩展性等问题也不完全适用于云计算环境下的大数据存储和处理，而在分布式硬件架构之上采用高并行的数据处理技术，如 MapReduce、Dryad，将计算任务分解到普通的计算机上并行执行，成为大数据处理的主流解决方案。高可用性与可靠性紧密联系，类似于拥有四个引擎的飞机比拥有双引擎的飞机更容易发生故障，同时拥有成百上千的物理节点的分布式集群也更容易在某个节点发生故障，因此，满足存储管理的高可用性离不开对大数据复制和冗余技术的研究和探讨。

3. 云数据存储管理的容错性

云计算环境下的失效被认为是一种常态行为。Google 曾在其报告中指出：在数据中心内，平均每个 MapReduce 作业运行过程中就有五个节点会失效，在一个拥有四千个节点的运行 MapReduce 作业的数据中心内，平均每六个小时就会有一个磁盘失效。失效所带来的是云服务商和用户极大的损失，但转而采用传统高性能服务器、专用存储设备或者 RAID 技术等提高容错性所带来的直接代价就是高昂的成本。那么，一旦发生节点失效的问题，如何发现故障节点，处理故障问题，并采用恰当的机制防止因节点失效所带来的对数据服务的影响，是云计算环境下的数据存储管理亟待解决的关键问题之一，这不仅涉及对于服务节点之间关系的研究，提高物理拓扑结构的容错性，更重要的是从数据存储的组织和管理方式角度提高数据的容错性。

4. 云数据存储管理的成本控制

研究人员调查发现，一台服务器四年的能耗基本上等于其硬件的成本。在云数据中心的各种成本因素中，能耗开销占了很大的一部分，而以往分布式存储在大多数情况下由于节点和数据的规模较小，对于此类问题考虑不多，造成的结果往往是以成本换取效率和系统的可靠性。然而，云数据中心规模庞大，能耗开销高，还包括保证设备正常运转的制冷设备的能耗。这种 24×7 的不间断保障模式，使能耗成为数据中心开销中绝对无法忽视的一个方面。此外，降低能耗能够提高磁盘等硬件设备的运行寿命，进而降低数据中心的成本。因此，对于云服务提供商来说，通过降低能耗来控制成本是一个必须追求的目标，同时也可以节约能源，促进环境保护。成本控制已经成为云计算环境下数据分布式存储设计和管理运行过程中必须要考虑的关键技术之一。

二、大数据存储模型分类与管理

对于传统数据库管理技术而言，最常采用的数据模型就是关系数据模型，即采用二维表结构，在严格遵循预定义的数据结构和数据关系的基础上，实现对数据的存储和访问。但问题在于，对于关系数据库而言，数据库设计的规范化往往与数据存储访问效率是相悖的。特别是当数据量膨胀到海量规模时，针对大数据存储访问效率的提升不仅要考虑到数据规模的问题，更重要的是要考虑到处理表连接操作所耗费的系统性能。除此之外，针对图像、视频、音频等非结构化数据的处理并不是关系数据库的强项，因此，在新的网络环境下，NoSQL 作为一种扩展的、不拘泥于 SQL 处理方式的全新理念被提出并得到业界广泛的关注。NoSQL 舍弃了关系型数据库很多以严格限制提升性能的做法，取而代之的是提供了一些简单灵活的功能。其思想就是尽量简化数据操作，并支持更加灵活的数据模型，更高的读写效率和更强的扩展功能。在很多 NoSQL 系统里，复杂的操作都是留给应用层来做的，因此数据层的操作就相应地得到了简化，操作效率更容易被预知。

对于 NoSQL 的认识，其中一个较全面的解释是，下一代的数据库产品应该具备这几个特点：非关系型的、分布式的、开源的、可以线性扩展的。业界普遍认为，应用 NoSQL 数据库管理技术，不仅能帮助一个企业和机构从非常低价值的大规模数据集合中获得整体优势，而且能对现有技术起到很好的补充作用。因此，NoSQL 数据库并不是要取代现有广泛应用的传统数据库，而是采用一种非关系型的方式解决数据的存储和计算问题，从这个角度上来看，NoSQL 并不是 No SQL，而是 Not Only SQL。

按照数据的逻辑组织模式，NoSQL 的数据模型主要可分为 Key-Value 键值存储模型、列式存储模型、图结构存储模型和文档结构存储模型四类，对应的，其数据库产品也可分为 Key-Value 键值存储数据库、列存储数据库、文档结构存储数据库和图结构存储数据库。

（一）键值存储模型

Key-Value 键值存储可以说是最简单的 NoSQL 数据存储模型，其思想来源于 HASH 表，即以一种算法把 Key（键）映射到相应的 Value（值），每个 Key 值对应一个任意的数据值，对 NoSQL 系统来说，这个任意的数据值是什么，它并不关心。对于结构化的数据值，Value 中存储的数据类型可能是数字、字符串、列表、集合及有序集合等，而对于非结构化的数据，应用开发者可根据需要自己组织和定义值的数据格式并解析。

这里可以简单地将 Key 理解为关系表中的主键列，它通过一个唯一的 Key 键对应到值，而所对应的值则可以是一个名字、产品、评论消息或者是用户、产品照片、视频等通过键值模型存储结构化的数据，这就意味着应用层要负责处理具体的数据结构，即采用简单的键值模型在简化了数据访问方式的同时，也弱化了对于数据结构及数据之间关系描述的能力。所以，对于键值模型而言，其最大的优势就在于简单、易于实现，在 Key 定义合理的基础上，可以方便地对它所对应的数据进行查询和修改，但如果涉及批量的数据访问操作，效率则相对较低，而且就其存储模型而言，并不支持复杂逻辑的数据操作，当然可以在应用层做适当的弥补，但同时也增长了应用程序开发的难度。

（二）列存储模型

列存储数据模型采用类似于"表"的存储结构，但不同之处在于，它并不支持表之间的连接操作，而且底层存储时，同一列的数据会尽可能地存储在同一个磁盘页面上，这与关系型数据存储将同一行的数据存放在一起的方式有显著差别。这种处理方式是与网络环境下大数据的分析处理需求相适应的。对于这类数据处理而言，虽然每次涉及的数据量非常大，但通常所涉及的列并不多，在这种情况下，采用列式存储会将访问对象集中到尽可能少的机器上进行处理，大大降低了网络通信需求和 I/O 操作。在行式存储模式下，对于同一产品的信息在磁盘上是连续存储的，但如果只获取产品名称，在这种情况下，就需要跳跃式读取，显然效率不高，从最简单的列式存储逻辑结构来看，几乎和关系型数据模型没什么差别，以产品表为例，除了产品名称外，可能还包括其他如产品描述、上架日期、价格、总数量、现有数等信息。

事实上，从宏观上也可以将列式存储数据结构理解为键值型存储，只不过这里的值对应了多个列族及列关键字，而同一列族或相似的列又能放在一起存储，因此提高了对于这些列的查询和存储效率，这类模型更加适合于涉及较少列，但列包含数据量较大的数据分析和数据仓库应用。

（三）文档存储模型

文档存储模型将"键"映射到包含一定格式信息的文档中，通常这些文档是被转换成 JSON 或者类似于 JSON 的结构进行存储，文档中的格式是自由的，可以存储列表、键值对及递归嵌套结构的文档。格式自由和文件存储的复杂性是一把双刃剑——应用开发者在建模上享有更大的自由，但应用的查询逻辑和处理机制可能变得极其复杂。通常情况下，文档模型应用于对数据模式灵活性要求较高的场景。对于遵循文档存储模型的文档数据库而言，文档是信息处理的基本单位，一个文档可以很长、很复杂，并且包含了很多嵌套结构，也可以很短，结构简单。

（四）图结构存储模型

采用数学领域基本的图结构思想，该数据模型的认为，数据并非对等的，对于某些数据而言，采用关系型存储或者键值对存储，可能都不是最好的方式。图结构存储的数据模型使用图结构（节点和边）和属性来表示各种信息，节点类似于面向对象编程中的对象概念，代表各种实体。属性存储与节点相关的信息。边被用来连接节点与节点或者节点与属性，表示二者之间的关系，对于关系的具体描述存储在边上。图结构的存储与其他存储方式相比，在数据模型、数据查询方式、数据的磁盘组织方式，在多个节点上的分布方式，甚至包括对事务机制的实现等方面差别都很大，数据存储效率也高很多，并且可以直接把图映射到面向对象应用的结构体中，而且并不需要代价高昂的连接操作，所以就很容易扩展到大规模的数据集上。

从对图结构存储模型的基本分析来看，采用节点、关系及节点和关系之上的属性表达的图结构更适合于表达现实世界中事物与事物之间的联系。以网络购物系统为例，用户和产品都可以看成是节点，用户与用户之间的交互，包括用户与产品之间的购买关系都可以用边来表示。

对于一个节点而言，通常有多个属性，而当这种属性膨胀到一定数量时，则可能需要将其分解到由多个关系连接的多个节点中。此外，由于采用了图结构化存储，意味着可以应用图计算方法，如图遍历、最短路径计算、集中度测量等方法进行各种复杂的查询和计算，因此，它更适用于处理大量交互关系复杂、低结构化的数据。

第二节 云数据中心设计与测试

一、云数据中心规划与设计

云数据中心的建设是一项系统工程，从规划到设计，从选址到建设，从计算机设备到制冷系统，从网络安全到容灾备份，无一不需要合理规划。要使得云数据中心始终保持高效、安全地运行，有很多复杂的因素需要考虑。首先，需要考虑各种设备的更新换代，计算机设备通常以五年为更换周期，制冷系统的寿命可达十年以上，更新时需要合理选择设备，使用过度超前的设备或设备迟迟不更新，都不能达到最经济的效果。其次，需要考虑设备冗余量，设备冗余可以提升系统的可用性和可靠性，保证在个别设备出现故障时整个系统仍能正常运转。但是过多冗余会导致设备长期闲置、资源浪费，因此规划时需要具体分析，保证增加的冗余设备可以切实提高系统的可用性。

由于企业 IT 系统的需求变化难以预测，因此，某些问题不能在设计阶段做出准确的预测。这是因为：第一，企业的整体运营越来越依赖于 IT 平台，而这些 IT 系统的负载并非长期不变，往往随着业务的发展而快速增长。有些企业甚至难以预见一年以后业务发展会带来怎样的系统负载变化。第二，IT 系统的触角正逐渐伸展到企业业务和管理的各个层面，新上线的系统层出不穷，很难预测旧的管理方式和系统何时会被新系统取代。第三，IT 系统本身越来越复杂，不可预见性也变得越来越强。这些变化的发生难以预测，一旦发生，云数据中心的 IT 基础架构将无法支撑，必须对其进行扩容。

综上所述，搭建云数据中心需要合理地规划设计各个环节，以保证云数据中心在较为经济、可靠、安全的状态下运营。

（一）规划设计原则

云数据中心的规划设计应遵循可管理性、可扩展性、可靠性、经济性和安全性等五个方面。

1. 可管理性

可管理性是指一个系统能够满足管理需求的能力及管理的方便程度。系统管理是一个非常广泛的概念，包括全面深入地了解系统的运行状况，定期做系统维护以降低系统故障率，发现故障或系统瓶颈并及时修复，根据业务需求调整系统运行方式，根据业务负载增减资源以及保证系统关键数据的安全等。云数据中心的可管理性包含以下几个方面。

（1）完备性。完备性保障云数据中心可以提供完整的管理功能。数据中心包含种类繁多的软件和硬件设备，每个设备都要有相应的工具提供全面的管理支持，例如网络流量监控、数据库软件的参数配置、服务器环境温度监测等。

（2）远程管理。远程管理是指在远程控制台上通过网络对设备进行管理，避免了到设备现场进行管理的麻烦。

（3）集成控制。集成控制台将多个设备的管理功能集成起来，管理员可以在控制台上定义集成化的任务，通过指令完成对若干设备的协调控制，这简化了管理员的操作。

（4）快速响应。快速响应是指管理指令能够快速执行或快速反馈指令的执行状态。例如数据备份时需要显示备份的进度。

（5）可追踪性。可追踪性保障管理操作历史和重要的事务都能记录在案，以备查找。这些记录可以作为日后故障诊断的依据，帮助管理员或领域专家及时定位和解决问题。

（6）方便性。方便性保障了管理功能对于管理员来说是简单、方便的。这一方面要求将重复、机械性的管理任务用工具替代手动操作来完成；另一方面需要提供统一、简洁、直观的界面，管理员可以很容易地找到被管理对象并发出管理指令。

（7）自动化。自动化给可管理性提出了更高的要求，自动化程度越高，管理员的负担越小。

2．可扩展性

可扩展性是指一个系统适应负载变化的能力。在负载变大的时候，自动提升自身的能力以适应负载，保证业务的正常运行不受影响。在负载变小的时候，自动回收资源，保证系统的资源高效利用，从而节省运营成本。可扩展性的需求主要源于以下几个方面：①用户对服务的使用呈现规律性的高峰期和低谷期，虽然这种规律一定程度上可以预测，但仍然存在较大波动。②突发事件会对信息服务的负载造成难以预测的影响，例如一个网络上热点的新闻、图片或视频，可以使相关网站的负载达到平时的百倍甚至上千倍。③信息服务的使用量会随着业务的发展而增长，长期来看呈现上升的趋势。④新的服务层出不穷，对资源的需求也难以预测。

3．可靠性

可靠性是指系统执行功能的能力，系统成功完成指定功能的概率是衡量系统可靠性的常用指标。提高可靠性的主要方法有故障避免和故障容错。

（1）故障避免。故障避免是指提高单个组件的可靠性，减小其失效的概率。要做到故障避免需要研究组件失效的机理，如寿命失效、设计失效等，并针对不同的失效机理分别应对。

（2）故障容错。故障容错是指增加冗余组件，利用组件之间合理的连接方式提升系统的可靠性。组件之间常见的连接方式有串联、并联、K/N表决系统，这几种连接方式构成了可靠性分析的基本模型。如果系统以串联方式连接，任意一个组件失效则整个系统失效；如果系统以并联方式连接，全部组件失效时整个系统才失效；K/N表决系统包含N个组件，当且仅当不少于K个组件失效时整个系统失效。

4．经济性

IT系统数量和规模的快速增长使云数据中心成本问题日益突出。云数据中心的成本构成分为一次性成本和运营成本。一次性成本主要包括建筑成本、设备采购成本；运营成本主要包括电力消耗和管理维护成本。设备采购，电力消耗和管理维护成本是云数据中心最主要的三项开支。

降低设备的采购成本需要合理规划设备更新换代的周期。IT设备降价较快，一旦设备闲置，就会造成无形折旧，增加云数据中心成本。因此规划时要结合业务需求，尽可能保证设备的高利用率。

平均每个管理员可管理的服务器数量是评价数据中心管理维护是否高效的重要标准。当数据中心规模较小时，少数管理员即可承担管理维护任务，对管理维护水平的要求也相对较低。随着数据中心规模的增大，这种人力密集型的管理手段难以应付，使用专业的云数据中心管理软件、工具和科学的方法可以大幅提升管理效率。

5. 安全性

云数据中心的安全性具体表现在网络、操作系统、应用和管理的安全几个方面，具体包括：①网络安全。包括网络层身份认证、资源访问控制、数据传输的保密和完整性、远程接入的安全、入侵检测手段、网络设施防病毒等。②操作系统安全。主要表现在操作系统本身的缺陷带来的不安全因素，包括身份认证、访问控制、系统漏洞等。③应用安全。主要由提供服务的应用软件和数据的安全性产生，包括 Web 服务、电子邮件系统、病毒攻击等。④管理安全。包括安全技术和设备管理、安全管理制度、部门与人员的组织规则等。

（二）网络架构的规划设计

云数据中心网络架构的规划与设计是否合理，是云数据中心能否具备简单、灵活、可扩展、高效等特点的关键。

1. 网络架构的规划

云数据中心网络可分为前端网络和后端网络。前端网络是指用户与服务器、服务器与服务器之间的链接；后端网络是指服务器与存储设备之间的链接。

（1）前端网络规划。在云数据中心，Server 的概念已经扩展到以单台虚拟机为基本单元，随着虚拟机数量的激增，使得云计算数据中心前端网络的挑战主要集中在虚拟服务器之间的通信层面。

（2）后端网络规划。在云数据中心后端网络中，I/O 同步、高速传输、低延迟、无丢包是对网络的基本需求。就目前技术发展看，Ethernet 技术存在冲突丢包的天然缺陷，而光纤通道（fibre channel，FC）的无丢包设计和高带宽使其领先一步，因此，云数据中心后端网络一般选择 FC。

2．网络体系架构设计

根据前文对云数据中心网络体系架构的分析规划，云数据中心网络架构对应虚拟化云的基本架构，这是一个标准的虚拟化云，由硬件资源池提供计算与存储资源，前端的虚拟机向用户交付应用服务。在这个架构中，硬件资源池提供 IaaS；云管理平台提供 PaaS；虚拟服务器提供 SaaS。在 SaaS 前，采用负载均衡设备提供 SaaS 的应用负载均衡，通过这种组合，在最大化地提升硬件资源池的利用率的同时，通过开发的服务注册中心和服务的封装和管理，动态提供全方位的 SaaS。

（1）云计算硬件资源池。由物理服务器节点、存储交换机、磁盘阵列柜组成；物理服务器提供云数据中心共享的计算资源，磁盘阵列柜提供云数据中心的集中存储资源，存储交换机采用高速交换机，负责服务器与存储设备之间的信息交换。硬件资源池具备良好的横向、纵向可扩展、收缩能力，便于整个云计算中心的扩展与收缩。

（2）云管理平台。云管理平台在云计算中心起承上启下的作用。首先，将资源池中的硬件资源虚拟化，向上层的应用服务提供运算、存储资源。其次，提供资源分配的透明化、计费管理的自动化，实现资源的按需使用。最后，为管理员提供可视化的管理界面，使得管理过程简单化、可视化。

（3）虚拟服务器。虚拟服务器是部署应用系统的平台，因此，虚拟服务器的规划必须满足应用设计的逻辑结构，充分发挥云计算平台的特点，能够横向、纵向提高应用的执行效率，保障用户的应用需求。对虚拟服务器的管理和应用系统的部署均由云管理平台完成，对用户透明。

（4）负载均衡设备。为应用服务提供基于应用或基于流量的负载均衡，用以保障运行效率的最大化。基于应用的负载均衡用于提高进入云数据中心应用系统的处理速度，基于流量的负载均衡用于提高计算结果输出的速度。目前，大多数负载均衡设备同时集成了流量负载和应用负载两种功能，且调度算法大同小异。该方案的优点为将云操作系统和负载均衡设备进行组合，充分利用云操作系统和负载均衡设备的功能特点：①虚拟资源的管理。利用云操作系统能够轻松地将计算资源、存储资源和网络资源虚拟化为一个资源池，并对资源进行管理，当出现服务器宕机时，云操作系统实现虚拟机自动迁移，确保任务的连续性和有效性。②资源的动态负载均衡。利用负载均衡设备实现了对虚拟化资源的动态负载均衡，大大提高了资源的利用率和应用系统运行的高速性。

3. 网络互联设备的选择

网络互联设备包括中继器、集线器、网桥、交换机、路由器、网关等，这些设备分别完成了不同层次的互联。

在云数据中心的建设中，选择网络互联设备的一般原则如下：①选择主流厂家、主流型号的设备。②选用技术先进、成熟、性能稳定的产品。③选用性能/价格比高的产品。④选用行业惯例产品。⑤选用用户熟悉的或已用过的厂家设备。⑥尽量用同一厂家的设备，型号不宜太多，以便管理与维护。云数据中心主要的网络互联设备是交换机。由于云数据中心虚拟机的数量激增，使得前端网络通信的压力剧增，因此，在经费许可的条件下，前端数据通信交换机应尽可能选择高端产品。

（三）服务器规划设计

1. 规划设计的原则

（1）实用性。无论对于何种计算机系统，实用性永远是放在首位着重考虑的。一个系统建设最基本的目标是建立一个适用实际环境，能满足用户功能需求的实用系统，而不是一味追求技术的领先和产品的最新。

（2）标准化。随着计算机技术的发展，芯片技术、存储系统、各种传输协议及与外部系统的接口等都已逐渐形成标准。采用标准化的设计，能使系统具有良好的可扩充性及兼容性，能与其他厂商产品配套使用，给各种系统软件和应用软件的安装运行带来方便，同时有利于系统的升级和与其他系统的数据交换。

（3）先进性与适用性的统一。从投资保护及长远考虑的角度来看，在系统设计时保持一段时间的先进性是十分必要的，重要的是把握好先进性与适用性之间的关系，取两者之间的最佳平衡点，使用户的投资得到最大化的收益和回报。

（4）注重售后服务。衡量设备及产品的优劣，不仅应以设备及产品本身的质量作为标准，还应充分考虑厂商的售后服务。在系统正常使用的情况下，软硬件的及时升级、维护以及在系统出现故障时修复响应时间、备品备件的充足程度等，都将直接影响到整个系统的运行状况。因此，选择优秀的设备供应商和全面考察供应商的售后服务情况也是服务器系统选择中重要的原则之一。

2．选型要考虑的因素

数据中心服务器系统的特点是业务种类多、数据量大、用户数多，因此，服务器的选型主要应考虑以下几方面的因素。

（1）运算能力。服务器的处理需要考虑对高峰时业务受理的实时响应，考虑业务的复杂性，服务器需要实时地与多个业务分系统进行数据采集、比对、整理和分发。需要服务器有很高的处理能力。

（2）内存。服务器要对实时产生的数据进行实时汇总、分发。要实现汇总、分发的实时高效，需要将实时信息放入内存，进行处理，才能提高系统的性能，这样服务器需要有较大的内存。

（3）I/O 能力。对每天生成的数据需要实时入库，需要有很强的 I/O 能力，使得数据的入库不会成为系统的瓶颈。

（4）系统扩展。在追求数据服务器单机高性能时，也需要考虑业务巨大时的系统负载的分流，系统在规划设计时，在软件设计上进行合理处理，使得应用可以在单机上运行，也可以有不同的服务器上进行任务分担，共同完成实时的业务处理。

3．服务器选型

服务器选型通常按照外形结构的不同将服务器分成塔式、机架式、刀片式服务器三种类型，在进行云数据中心规划设计时，应充分考虑云数据中心的需求和投资计划，选择合适的服务器类型。

（1）塔式服务器。塔式服务器是最常见的服务器类型，它的外形及结构与普通的 PC 相似。其主板插槽多、扩展性较强，而且其机箱内部一般会预留较多的空间，以便进行硬盘、电源等的冗余扩展。这种服务器无须额外设备，对放置空间没过多的要求，并且具有良好的可扩展性，配置也能够很高，因而应用范围非常广泛，可以满足一般常见的服务器应用需求。适合常见的入门级和工作组级服务器应用，而且成本比较低，性能可满足大部分中小企业用户的要求。但也有其局限性，在需要采用多台服务器同时工作，以满足较高的服务器应用需求时，由于其体积比较大，占用空间多，不便于管理。

（2）机架服务器。其外观按照统一标准来设计，配合机柜统一使用，以满足服务器密集部署需求。由于能够将多台服务器安装到一个机柜上，因此机架服务器的主要特点是节省空间。机架服务器的宽度为 19 英寸，高度以 U 为单位（1U＝1.75 英寸＝44.45 毫米），通常有 1U，2U，3U，4U，

5U，7U 几种标准的服务器，最常用的有 1U、2U。其优点是占用空间小，而且便于统一管理，但由于内部空间限制，可扩展性受到限制，例如 1U 的服务器大都只有 1~2 个 PCI 扩充槽。此外，散热性能也是一个需要注意的问题，而且需要有机柜等设备，因此，多用于服务器数量较多的大型云数据中心。

（3）刀片服务器。刀片服务器是指在标准高度的机架式机箱内可插装多个卡式的服务器单元，实现高可用和高密度。每一块"刀片"实际上就是一块系统主板。它们可以通过"板载"硬盘启动自己的操作系统，如 Linux 等，类似于一个个独立的服务器，在这种模式下，每一块母板运行自己的系统，服务于指定的不同用户群，相互之间没有关联。

总之，塔式服务器、机架服务器和刀片服务器分别具有不同的特色。塔式服务器应用广泛，性价比高，但占用空间较大，不利于密集部署；机架服务器平衡了性能和空间占用，但扩展性能一般，在应用方面不能做到面面俱到，适合特定领域的应用；刀片服务器大大节省了空间，升级灵活、便于集中管理，降低了总成本，但标准不统一，制约了用户选择空间。建议在选用时应根据实际情况，综合考虑，以获得最佳的解决方案。

（四）存储系统规划设计

存储系统在整个云数据中心设计中的作用至关重要，因此，对存储系统的设计必须采用最先进的存储技术，选择能够全方位进行数据保护的产品，为用户提供高可用的存储系统解决方案，保证整个系统对数据访问的高效性，并充分考虑到后续系统的可扩展性。

常用的存储技术包括直连方式存储（direct attached storage，DAS）、网络连接存储（network attached storage，NAS）、存储区域网络（storage area network，SAN）三种。在规划设计云数据中心时，应根据需求分析阶段得到的系统需求性能指标，结合每种存储方式的特点，选择合适的存储方式。对于云数据中心而言，由于 DAS 存储技术的直连方式直接影响了系统的可扩展性，显然是不合适的，因此，接下来重点分析 NAS 技术和 SAN 技术。

1. NAS 技术

在 NAS 存储结构中，存储系统不再通过 I/O 总线附属于某个服务器，而直接通过网络接口与网络直接相连，由用户通过网络访问。NAS 实际上是一个带有瘦服务器（即去掉了通用服务器的计算功能，而仅仅提供文件系统功能）的存储设备，其作用类似于一个专用的文件服务器。

2. SAN 技术

SAN 是一种高速的、专门用于存储系统的网络，通常独立于计算机局域网。SAN 将主机和存储设备连接在一起，能够为其上的任意一台主机和任意一台存储设备提供专用的通信通道。SAN 将通道技术和网络技术引入存储环境中，提供了一种新型的网络存储解决方案，能够同时满足吞吐率、可用性、可靠性、可扩展性和可管理性等方面的要求。根据连接方式的不同常用的 SAN 有 FC-SAN 和 IP-SAN 两种。

（1）FC-SAN。FC-SAN 是由磁盘阵列连接光纤通道组成，通过 SC-SI 协议实现数据通信，数据处理是"块级"的。SAN 采用可伸缩的网络拓扑结构，通过具有高传输速率的光纤通道的直接连接方式，提供 SAN 内部任意节点之间的多路可选的数据交换，并且将数据存储管理集中在相对独立的存储区域网内。在 FC-SAN 中，必须有专用的硬件和软件设备。硬件包括 FC 卡、FC HUB、FC 交换机等，软件主要是 FC 控制卡针对不同操作系统的驱动程序和存储管理软件。

（2）IP-SAN。IP-SAN 是在高速千兆以太网上利用 iSCSI 接口进行快速数据存储的技术。iSCSI 是一种在 TCP/IP 上进行数据块传输的标准，它可以实现在 IP 网络上运行 SCSI 协议。

二、云数据中心工程测试

云数据中心的工程测试是在前期需求分析、规划设计以及实施的基础上，测试云数据中发现数据的内部关系和规律，为解决问题提供参考。在数据分析阶段，主要工作包括确定数据分析或挖掘的方法、数据整理以及运行数据分析算法获得挖掘结果。数据分析时首先应该根据数据和挖掘目标的特点，确定数据分析或挖掘的算法，然后将需挖掘的数据进行数据整理，即将数据规范为数据挖掘算法需要的数据格式，从而使分析过程更有效、更容易，最后运行数据挖掘算法，这里工作大多数是通过数据分析软件来完成的。这就要求分析者不但要掌握数据分析方法，而且要熟悉主流的数据分析软件的操作。

为了把隐藏在数据内部的关系和规律一目了然地展现出来，可采用文字、表格和图形的方式进行呈现。为了更有效、直观地表达分析者想要表达的观点，一般情况下，能用图形说明的问题，就不用表格，能用表格说明的问题，就不用文字描述。常用的数据图包括饼图、柱形图、条形图、折线图、散点图、雷达图等，当然也可以对这些图进一步整理加工，使之变成我们所需要的图形，例如金字塔图、矩阵图、漏斗图等。

数据报告是对整个数据分析过程的一个总结和呈现，通过报告，把数据的起因、过程、结果和建议完整地呈现出来，为决策者提供科学、严谨的决策依据。一份好的数据分析报告，首先需要一个好的分析框架，并且图文并茂，层次清晰，其目的是能让阅读者直观地正确地理解报告内容，对得出的结论产生思考。然后需要一个明确的数据分析结论，最后根据发现的业务问题，一定要有建议或解决方案。在数据分析处理过程中，主要的难点是数据预处理和数据分析的方法。

（一）数据预处理方法

数据预处理在实际的数据分析中是花费时间最长也是最为烦琐的步骤。数据预处理时首先要了解主题相关的业务和数据分布状况，再根据业务的实际情况进行数据抽取、数据清洗、数据变换、数据聚合等工作。

主题分析为了更好地进行数据预处理，首先必须研究数据分析主题相关的业务系统元数据和源数据的质量。

1．分析主题所需的元数据

对于某一确定的主题，相关的业务和数据往往分散在不同地点不同类型的数据库中。每个业务系统在设计数据存储模式时，其原则是基于无冗余性和高效地操作日常业务，因此数据常被分散在各自业务系统的数据库的多个数据表中。如果要抽取这些数据，就必须查阅业务系统的原始设计文档，以理解每个数据代表的业务意义、数据之间的关系、对业务起重要作用、数据分散的位置等信息，最终确定数据分析中可利用的元数据。

2．确认源数据的质量

为了获取准确的数据分析结论，就必须确认源数据的质量，例如，了解主题所涉及的关键数据是否能够获取、属性值中是否有许多缺失值或无效值以及是否有足够的历史数据等问题。当按照主题进行挖掘时，有些关键的源数据是必需的，否则数据分析的结论必然错误。例如，在信用卡欺诈分析项目中，若无法获取已经被确定为欺诈的实例，则数据分析过程可能无法继续进行，因为模型不能学习到足够的欺诈实例。在源数据所在的业务系统中，若操作员的责任心不强，则会导致一些关键数据缺失或无效，最后使得分析结果不准确、不可用。因此若希望在数据挖掘中得到正确的结论，就必须保证源数据的质量。

（二）数据抽取

数据抽取的源数据包括直接获取的第一手数据和通过加工整理后的第二手数据。从普通数据库环境中抽取数据是非常复杂的，因为判定一个记录是否可以进行提取处理，往往需要完成对多个文件中记录的多种协调查询，也需要进行键码读取、连接逻辑等操作。普通数据库环境中的输入键码在输出到仓库之前往往需要重新建立，从普通数据库环境中读出和写入数据分析的数据库系统时，输入键码很少能够保持不变。在简单情况下，在输出键码结构中会加入时间戳成分。在复杂情况下，整个输入键码必须被重新散列或者重新构造。为了抽取相关的数据，可以使用数据库系统本身提供的方法（如标准的 API、OLE、JDBC 和专有的界面；复制工具；中间件或网关）或一些专用抽取工具。

在抽取数据时，需要对其内容、渠道、方法进行规划。规划时应考虑以下因素：①将对数据分析目的和主题的需求转化为具体的要求，如评价产品供方时，需要抽取的数据可能包括供方及产品的详细数据、过程控制能力、不确定因素等相关数据。②明确由谁在何时何处，通过何种渠道和方法抽取数据。③记录表应便于使用。④采取有效措施，防止数据丢失和虚假数据对系统的干扰。

（三）数据清洗

数据清洗的目标是使数据干净、整齐，以免数据分析结果受到影响。其主要内容包括对缺失值处理、噪声点清除等。

1. 缺失值处理

在解决实际业务系统中，必然有一些缺失的数据（如在数据库中表现为空或 NULL 值），即有一部分属性值或者有些对象的某个属性值是肯定不可能得到的。这就导致了数据分析对象是不完全的。在数据分析算法中，有少数的算法可以容忍或处理缺失值，但大多数算法无法处理缺失值。对于少量的缺失值，可以利用下面的方法进行特殊的处理，但缺失值数量过大的时候（如含有缺失值的实例数超过总实例数的 30%以上），无论进行什么处理都难以得到满意的结果。

删除法。对于存在有缺失属性的记录，直接进行删除，从而得到一个完备的记录表。这种方法简单易行，但由于是以减少信息量为代价来换取信息的完整性，因此局限性较大，一方面可能损失了大量有用的信息；另一方面，在信息量较小的情况下，如果不完整的记录所占的比重较大，就会严重地影响信息表的信息完整性，以致影响到决策规则的有效生成。

预测估计法。对于存在有缺失属性的记录，根据数据挖掘方法预测进行填补。例如，利用粗糙集中数据的不可分辨关系来对不完备的数据进行补齐的处理。其基本思想是，遗失数据值的填补应使完整化后的信息系统产生的分类规则具有尽可能高的支持度，产生的规则尽量集中。因为如果规则支持度较小，则产生的规则分布较广，这些规则中就可能隐含着由噪声产生的规则。因此对遗失数据的补齐应使具有缺失值的对象与信息系统的其他相似对象的属性值尽可能地保持一致，使属性值之间的差异最小，从而最后生成的分类规则也较集中，具有较高的支持度。

新值法。对于存在有缺失属性的记录，将遗漏的属性值作为一种特殊的属性值来处理，这种属性值不同于其他的任何属性，这样就把不完备的信息表变成了完备的信息表。该方法涉及的内容较多，方法比较复杂。

统计填充法。对于存在有缺失属性的记录，运用统计学原理，根据信息表中的其余实例取值的分布情况来对遗漏的属性值进行填充。这种方法思想简单，实现便利，在实际中应用很多。

2. 噪声点清除

数据抽取会产生噪声。数据抽取过程包括手工抽取和自动抽取。手工抽取的数据往往会受到录入错误的困扰而产生噪声数据；自动抽取的数据也难免存在大设备问题而产成的噪声数据。因此，找出数据中的噪声点是清除它的前提。值得注意的是有一类噪声点（又称异常点）是由于业务流程中存在问题而出现的，找到这样的异常点非常有意义，例如，在欺诈监测、网络入侵等应用中，这些异常点就是数据挖掘的目的。对于异常点的探测，特别是高维空间中异常点的探测，目前仍然是一个非常活跃的研究领域。现在还没有一个完美的异常点探测方法，需要在实际应用中同时使用探测方法和业务经验进行探测。常用的异常点探测方法有基于均值和标准差、基于中位点、统计法、聚类法、距离法、密度法等。

（四）数据变换

由于各个业务系统所采用的数据模式不一致，需要进行统一。需要转换的情况多种多样，如同一字段的不同名称、数据类型、长度、单位的转换，一个表中一个字段对应着另一个表中多个字段时的转换，从行到列的转换等。转换过程对最终数据质量的影响最大，在转换过程中非常容易引入新的错误，因此在转换前后要注意进行转换质量的验证。数据变换主要包括属性值的归一化处理和属性与属性类之间的变换。

属性值的归一化处理主要是为了进行属性之间的比较或运算，需要把不同属性的不同变量取值范围变换成同一范围，以免使得结果发生扭曲，偏向取值范围大的变量。这一过程称为归一化，或规范化、标准化。常用方法有极差归一化、标准差归一化、数量级归一化、离散属性的数值化、连续变量离散化等。例如，可以把大屏幕显示系统的故障原因规范为六种：①投影机电路控制单元故障。②信号接口转换设备故障。③投影机光路控制故障。④拼接矩阵故障。⑤信号传输设备故障。⑥图形控制器故障。

属性与属性类之间的变换是指在原始的变量形态下，数据分析算法不易发现变量之间或变量与类标签之间的关系。此时根据经验或业务知识，将变量变换成适当的形式，以便数据分析算法可以更好地发现其中的联系。常用方法有幂变换、box-cox 变换、logistic 变换、傅里叶变换与小波变换、概念层次提升等。

（五）数据聚合

数据聚合是指从一个或多个属性派生或合成一个或多个新的属性，这些新的属性能够更好地用于达到数据分析的目标。恰当的数据聚合通常能提高数据分析系统的性能，增加其结果的可解释性。数据聚合一方面是由于数据分析算法的关系发现的能力是有限的，其自身并不能发现属性之间的所有可能的关系而用于目标的分析，而只是在属性现有的形态上寻找数据之间的部分关系，因此需要数据分析者利用业务经验聚合和分析对象关系更密切的属性；另一方面是由于在信息分散在多个属性中的时候（如时间序列等情形），需要合适的属性综合表达这些数据代表的信息。

对于一般数据集，通常是对多个变量之间进行一些运算。常见的数据聚合方法有比例法、和差积法等。例如，在连锁超市进行日统计时，需要将一日的同类商品的营业额进行累加统计。对于系列数据集，在实际应用中，经常要对系列数据进行处理。如过去几个月的股票变化情况、用户随时间变化的流失情况等。

（六）属性约简

属性约简是解决高维数据计算复杂性和准确性等问题的方法，主要目标是消除冗余和不相关属性对计算过程和最终结果造成的影响，从而获得简洁有效的模型。因为模型表示越简洁，则越具有泛化能力。特别是对于聚类等无监督学习方法，高维数据可能无法形成稳定的模式。实验表明，在许多情况下属性约简能保持或提高模型的泛化能力。属性约简的目的是找到满足特定标准的最小的属性子集。属性约简工作如下：首先是使用某种搜索方法找到一组属性子集，然后测试这组属性是否满足特定标准，未满足则重新搜索，直到到达终止条件为止。终止条件一般是迭代次数、子集评估的阈值等。根据测试这组属性是否满足标准，可将属性约简方法分为两类，即包装方法和过滤方法。

在包装方法中，属性约简算法利用后续的数据挖掘算法评估属性约简的效果，即在这些被选择出的属性上运行挖掘算法，从中选出具有最好挖掘效果（通常是错误率最小）的一组属性；过滤方法则不考虑学习算法，利用自己的标准进行属性评估和选择，选择完毕再使用数据挖掘算法。这些评估标准通常是不一致率、信息熵、依赖程度、精确度等。一般来说，包装方法的效果要好于过滤方法，但是时间复杂度也高于过滤方法。在两类属性约简算法中，搜索方法都起着重要的作用。搜索方法可以根据搜索方向（前向、后向、双向、基于实例）、搜索方式（穷尽搜索、启发式、非确定式）及评价方式（精确度、一致性、信息熵等）等进行分类。

第三节　数据分析技术研究

当数据预处理完成后，就可以进行数据分析。数据分析过程主要考虑两个问题：一是确定数据分析方法。二是实施数据分析处理过程。确定数据分析方法主要是根据数据的各种特征、展示目标等因素，确定数据分析方法。实施数据分析处理过程主要是根据选择的数据分析方法，在对数据进行适当数据整理变换使其更符合特定分析算法的格式要求之后，利用数据分析软件工具的特定算法或构建合适的模型实施数据分析，获得准确、科学的结论。数据分析按照任务分为描述式数据分析和预测式数据分析，其中描述式数据分析是以简洁概要的方式描述数据，通常是指数据的统计分析；预测式数据分析通过建立一个或一组模型，试图预测新数据集的行为，例如分类、聚类等方法。

一、数据分析方法

（一）描述式数据分析

描述式数据统计分析主要通过计算某些重要统计量及显示数据的分布形式等来进行，其结果则可最终反映现象的基本性质及特征。

1. 对比分析法

对比分析法是指将两个或两个以上的数据进行比较，分析它们的差异，从而揭示这些数据所代表的事物发展变化情况和规律性。该方法的特点是可以非常直观地看出事物在某方面的变化或差距，并且可以准确、量化地表示这种变化或差距是多少。

对比分析法可分为静态比较和动态比较两类方法。静态比较是在同一时间条件下对不同总体指标进行的比较，又称横向比较，简称横比。如不同部门、不同地区、不同国家的比较。动态比较是在同一总体条件下对不同时期指标数值进行的比较，又称纵向比较，简称纵比。这两种方法既可以单独使用，也可以结合使用。在实际操作中，选取对比的对象需要考虑是否具有对比的意义。常用的对比分析法有完成值与目标值的对比、不同时期的对比、活动效果对比等。

（1）完成值与目标值的对比。将实际完成值与目标值进行对比，分析任务的完成率。例如，某单位在年前制订本年的业绩目标或计划。当处于本年的某个月时，可把目标按时间拆分进行对比，或直接计算完成率，再与时间进度进行对比，查看是否能按计划完成当年的业绩目标。

（2）不同时期的对比。选择不同时期的指标数值（例如销售量）作为对比标准，分析销售量的升降情况。例如，某单位未赶上本年度业绩目标的时间进度，那么可继续与自己去年同期及上个月完成情况进行对比。与去年同期完成情况的对比简称为同比（主要考虑季节周期性的变化，有淡旺季之分），与上个月完成情况的对比简称为环比。

（3）活动效果对比。对使用某项活动（例如销售让利）或采用某项技术手段前后进行对比，得出分析某项活动或采用某项技术手段后是否有效果，效果是否明显等结论。例如，对企业投放广告的前后业务状况进行分析，了解投放的广告的效益如何，品牌的知名度是否上升，产品销售量是否有大幅的增长等信息。

2．交叉分析法

交叉分析法通常由于分析两个变量之间的关系，即同时将两个有一定联系的变量及其值交叉排列在一张表格中，使其变量值成为不同变量的交叉节点，形成交叉表，从而分析交叉表中变量之间的关系，所以也叫交叉表分析法。交叉表也可以是多维的，维度越多，交叉表就越复杂，所以维度需要根据分析的目的决定。

3．均值分析

均值分析是运用指定变量的均值指标（主要包括均值、标准差、众数、中位数、总和、观测量数、方差等）的方法来反映总体在一定时间、地点条件下某一数量特征的一般水平。均值指标可用于同一现象在不同地区、不同部门或单位时间或不同时间的对比数据。均值指标最常用的是算术平均数。

4．方差分析

方差分析是使用得最多的统计分析方法之一。它主要用于研究定类变量与定距变量之间的关系。定距变量是被分析的变量，定类变量是影响因素的变量。定类变量取值的几个类别被称为影响因素的几个水平。研究的目的是想知道当影响因素取不同水平时，被分析变量是否有显著差异。方法是通过比较各个类别的组内差异和类别之间的组间差异大小来确定变量之间是否有关。如果组内差异大而组间差异小，则说明两个变量之间不相关。反之，如果组间差异大而组内差异小，则说明两个变量之间相关。使用方差分析的方法时，要求因变量在影响因素的各个水平上的分布必须服从正态分布。

5．主成分分析及因子分析

（1）主成分分析。在科学研究中，经常遇到多个维度指标的实际问题，虽然多个维度指标可以提供丰富的信息，但同时增加了分析问题的复杂度和难度。事实上，不同维度指标之间往往存在着相关性，要用较少的相互独立的维度指标来代替原来的多个维度指标，使其既减少了维度指标的个数的同时又能综合反映原维度指标的信息。

主成分分析就是用于解决此类问题的一种方法。主成分分析是将多个相互关联的数值维度指标转化为少数几个互不相关的综合指标的统计方法，即用较少的指标代替和综合反映原来的较多信息，这些综合后的指标就是原来多指标的主要成分。它是一种降维的统计方法，其基本原理是：借助于一个正交变换，将其分量相关的原随机向量转化成其分量不相关的新随机向量，这在代数上表现为将原随机向量的协方差阵变换成对角形阵，在几何上表现为将原坐标系变换成新的正交坐标系，使之指向样本点散布最开的 p 个正交方向，然后对多维变量系统进行降维处理，使之能以一个较高的精度转换成低维变量系统，再通过构造适当的价值函数，进一步把低维系统转化成一维系统。写成矩阵形式为：X＝BZ＋E。其值 X 为原始变量向量，B 为公因子负荷系数矩阵，Z 为公因子向量，E 为残差向量。因子分析的任务就是求出公因子负荷系数和残差。如果残差 E 的影响很小可以忽略不计，数学模型变为 X＝BZ。如果 Z 中各分量之间彼此不相关，形成特殊形式的因子分析，称为主成分分析。主成分分析的目的是把系数矩阵 B 求出。

理论上，数据的最多主成分的个数可有 m（m＝n）个，该 m 个主成分反映了原有指标的所有信息，但主成分分析的主要目的是用较少的综合指标（主成分）来反映原有指标的较多信息。通常地，实际所确定的主成分个数少于原有指标个数。计算主成分的步骤是：首先将原有指标标准化，然后计算各指标之间的相关矩阵，该矩阵的特征根和特征向量，最后将特征根由大到小排列，分别计算出其对应的主成分。

通常确定主成分个数主要有两种方法：一是查看累积贡献率，当前 K 个主成分的累积贡献率达到某一特定值（一般采用 70%以上）时，则保留前后个主成分。二是查看特征根，一般选取特征根"≥1"的主成分。在这两种方法中，前者取的主成分个数较多，后者取的较少，一般情况下是将这两种方法结合使用。

（2）因子分析。在科学研究中，经常遇到所要研究的变量不能或不易直接观测，它们只能通过其他多个可观测指标来间接反映，例如，评价飞行人员的飞行能力是一个不易直接测得的变量，称这种不能或不易直接观测的变量为潜在变量或潜在因子。通常，多个变量之间往往具有相关性，因子分析就是解决如何找出这些潜在的因素以及这些潜在的因素是如何对原有的指标起支配作用这类问题的。

因子分析法是寻找隐藏在可测试变量中，不能或不易直接观测到，但却影响或支配可观测变量的潜在因子，并估计潜在因子对可观测变量的影响程度及潜在因子之间关联性的多元统计分析方法。其基本原理是：根据相关性大小把变量分组，使得同组内的变量之间相关性较高，但不同组的变量不相关或相关性较低，每组变量代表一个基本结构，即公共因子，并根据系统要求的累积贡献率确定主因子的个数和因子模型。

（二）关联挖掘分析

1. 基本概念

关联规则挖掘是数据挖掘中最活跃的研究领域之一。关联规则挖掘最初提出的动机是针对购物篮分析问题，目的是从交易数据库中发现顾客购物的行为规则。关联是指两个或多个变量的取值之间存在某种规律性。关联规则是描述两个或多个变量之间的某种潜在关系的特征规则。找出所有类似这样的规则，对于企业在销售配货、商店商品的陈列设计、超市购物路线设计、产品定价和促销等方面都是很有价值的。

2. 关联挖掘原理

支持度是对关联规则重要性的衡量，可信度是对关联规则准确度的衡量。支持度说明了这条规则在所有事务中有多大的代表性，显然支持度越大，关联规则越重要。有些关联规则可信度虽然很高，但支持度却很低，说明该关联规则实用的机会很小，因此也不重要。按照关联规则的定义，不但满足最小支持度，而且满足最小信任度的关联规则，因此可将关联规则挖掘分为两个步骤：①发现频繁项目集。通过用户给定 Min support，寻找所有频繁项目集或者最大频繁项目集。②生成关联规则。通过用户给定最小可信度，在每个最大频繁项目集中，寻找 Confidence 不小于 Min-confidence 的关联规则。

（三）聚类挖掘分析

1. 基本概念

聚类分析也称无监督学习、无教师学习，或无指导学习。聚类分析是研究如何在没有训练的条件下把样本划分为若干类。

（1）聚类算法的特点。聚类是对物理的或抽象的样本集合分组的过程。聚类分析有多种目标，但都涉及把一个样本集合分组或分割为子集或簇，簇是数据样本的集合，聚类分析使得每个簇内部的样本之间的相关性比与其他簇中样本之间的相关性更紧密，即簇内部的任意两个样本之间具有较高的相似度，而属于不同簇的两个样本间具有较高的相异度。相异度可以根据描述样本的属性值计算，样本间的距离是最常采用的度量指标。在实际应用中，经常将一个簇中的数据样本作为一个整体看待。虽然用聚类生成的簇来表达数据集不可避免地会损失一些信息，但却可以使问题得到必要的简化。从统计学的观点看，聚类分析是通过数据建模简化数据的一种方法。

介于以上原因，聚类算法要求我们不但需要深刻地了解所用的各种聚类算法的特点，而且还要知道数据抽取过程的细节及拥有应用领域的专家知识。对数据了解得越多，越能成功地评估它的真实结构。因此构建聚类算法应具有以下几个特点。

处理不同字段类型的能力。算法不仅要能处理数值型的字段，还要有处理其他类型字段的能力。目前有很多针对数值类型数据的聚类算法，但实际应用中可能需要对其他类型的数据进行聚类，如二元类型、分类（标称）类型、序数类型、混合类型等。

可伸缩性。数据挖掘领域主要研究面向大型数据库，所以可伸缩性是一个基本要求，即算法要能够处理大数据量的数据库样本，比如处理上百万条记录的数据库，也要求算法的时间复杂度不能太高，最好是多项式时间的算法。许多聚类分析算法在小数据集上有效，但对于大数据集时聚类算法可能产生偏差，甚至出现错误的结果。因此，良好可扩展性是实际应用对聚类算法提出的要求。

处理高维数据的能力。大型数据库或数据仓库可能含有若干个维或属性，即数据的维数很高。较早的聚类算法的研究主要针对低维数据，例如二、三维的数据，但对于高维数据就没有那么高的准确率了。所以对于高维数据的聚类分析是很具有挑战性的，特别是考虑到在高维空间中，数据的分布是极其稀疏的，有时是高度倾斜的，而且形状也可能是极其不规则的。目前已提出了一些针对高维数据的聚类算法。

发现具有任意形状的簇的聚类能力。许多聚类算法是建立在距离度量基础上的，例如使用欧几里得距离的相似性度量方法，这一类算法发现的聚类通常是一些球状的、大小和密度相近的类。但是实际存在的簇可能是任意形状的。簇的大小差异较大，密度也不尽相同。所以要求算法有发现任意形状的聚类的能力。

能够处理异常数据。数据集合中往往包含异常数据，例如，孤立点、缺失值、未知或错误的数据。如果聚类算法对这些数据很敏感，就有可能导致错误的分析结果。所以，在处理孤立点时，需要尽量排除或降低来自孤立点的影响，应该考虑到一些实际问题可能要求聚类算法对噪声数据具有较低的敏感性。但一些实际问题又要求聚类算法在执行过程中合理地发现孤立点，例如对商业欺诈的分析。

对数据顺序的不敏感性。有些聚类算法对输入数据的顺序敏感，按不同的输入顺序提交同一组数据时，聚类算法会生成显著不同的聚类结果。输入参数对领域知识的弱依赖性。许多聚类算法要求用户输入特定的参数，如产生的簇的数目，参数的细微变化可能导致显著不同的聚类结果，但对于高维数据，这些参数又是相当难以确定的。

聚类结果的可解释性和实用性。聚类的结果最终都是要面向用户的，因此聚类的结果应该是可理解的、可解释的、可用的。

增加限制条件后的聚类分析能力。在实际聚类分析时会有很多限制，因此一个好的聚类算法，应该是在考虑这些限制的情况下，仍旧有较好的表现。

（2）定义和评价标准。一个聚类分析的质量取决于对度量标准的选择，因此必须仔细选择度量标准。为了度量对象之间的接近或相似程度，需要定义一些相似性度量标准。

2. 聚类挖掘应用

（1）聚类分析可以作为其他算法的预处理步骤。利用聚类进行数据预处理，可以获得数据的基本概况，在此基础上进行特征抽取或分类就可以提高精确度和挖掘效率。也可将聚类结果用于进一步关联分析，以获得进一步的有用信息。

（2）可以作为一个独立的工具来获得数据的分布情况。聚类分析是获得数据分布情况的有效方法。通过观察聚类得到的每个簇的特点，可以集中对特定的簇做进一步分析。这在诸如市场细分、目标顾客定位、业绩估评、生物种群划分等方面具有广阔的应用前景。

（3）聚类分析可以完成孤立点挖掘。许多数据挖掘算法试图使孤立点影响最小化，或者排除它们。然而孤立点本身可能是非常有用的。如在欺诈探测中，孤立点可能预示着欺诈行为的存在。下面利用聚类算法，对文本的特征词进行冗余剔除。

根据以上定义，特征聚类处理如下：①随机选取特征词候选集中一个特征词作为第一个簇的中心。②选取下一个特征词，依次计算该特征词与已有簇中心的相似度。③若该特征词与所有簇中心的相似度都小于设定的阈值，则以该特征为中心建立一个新簇；否则将该特征词加入相似度最大的簇中。④循环步骤，直到所有特征词都被处理。⑤保留每个簇的中心，将该簇中其他特征词剔除。经过特征聚类处理后，特征词的冗余度大大降低。

3．其他聚类算法

聚类方法主要除划分聚类外，还有分层聚类、密度聚类、网格架类和模型聚等。

（1）分层聚类。分层聚类技术可以从小到大分层次创建聚类，反映了将信息按不同程度总括和概括起来的一种方法。该算法是把簇整理为自然的层次结构，即将簇本身逐步分组，使得在每一层，组内聚类样本之间比不同组的样本之间更为相似。这种方法对给定的数据集进行层次的分解，直到某种条件满足为止。由于聚类技术是无监督学习过程，因此没有绝对最好的聚类结果。分层聚类分析只是把 n 个没有类别标签的样本分成一些合理的类，结果会产生两种极端情况：一种情况是把数据库中的每一条记录看作一个类，这样当然达到了把记录分类的目的，但是却与聚类技术是为了使用户可以更清楚地理解数据库中的记录这个最终目的相违背，况且生成的类应该比数据库中的记录数少得多；另一种极端情况是把所有的记录归入一个类，虽然实现了概括数据库内容的目的，但是不能向用户提供任何有用的信息。究竟应该生成多少个类，要视具体情况而定。分层聚类技术的一个优点就是允许最终用户指定最后生成的类的数量。

分层聚类技术在实现上又可分为"自底向上"和"自顶向下"两种方案。例如，在"自底向上"方案中，初始时每一个数据记录都组成一个单独的组，在接下来的迭代中，它把那些相互邻近的组合并成一个组，直到所有的记录组成一个分组或者某个条件满足为止。代表性的算法包括：BIRCH 算法、CURE 算法、CHAMELEON 算法等。

（2）密度聚类。密度聚类的思想基于距离的划分方法，只能发现球状的簇，而不能发现其他形状的类。密度聚类则只要邻近区域的密度（对象或数据点的数目）超过某个阈值，就继续聚类。也就是说，对给定类中的每个数据点，在一个给定范围的区域中必须至少包含某个数目的点。这样，密度聚类方法就可用于过滤"噪声"孤立点数据，发现任意形状的类。

基于密度的方法主要有两类：基于连通性的算法和基于密度函数的算法。基于连通性的算法包括：DBSCAN 算法、GDBSCAN 算法、OPTICS 算法、DBCLASD 算法、DENCLUE 算法等。基于密度函数的算法有 DBN-CLUE 等算法。其中 DBSCAN 算法是一种基于密度的聚类算法，它将足够高密度的区域划分为簇，能够在含有"噪声"的空间数据库中发现任意形状的簇，领域的形状取决于两点间的距离函数，其缺点是需要由用户确定输入参数（这在现实的高维数据集合中变得不太现实）。

OPTICS 算法为自动和交互的聚类分析提供了一个可扩展的簇次序，而不是生成一个明确的数据聚类。DENCLUE 算法是基于密度函数的聚类方法，它是利用数学函数（又称影响函数，可以是抛物线函数、方波函数、高斯函数等）形式化地建模，样本密度可以用所有点影响函数的加和计算，并通过确定密度吸引点的方法精确地确定簇，该算法的优点是，对于有大量"噪声"的数据集，算法有良好的聚类特性，而且，基于单元组织数据使算法可以高效地处理大型高维数据。

（3）网格聚类。网格聚类方法首先将数据空间划分成为有限个单元的网格结构，所有的处理都是以单个单元为样本。这样处理的一个突出的优点就是处理速度很快，通常，它只与把数据空间分为多少个单元有关，而与目标数据库中记录的个数无关的。典型的算法有 STING 算法、CUQUE 算法、WAVE-CLUSTER 算法。

（4）模型聚类。模型聚类方法的目标是优化给定数据与某些数学模型之间的拟合。它给每一个聚类假定一个模型，然后去寻找能够很好地满足这个模型的数据集。这样一个模型可能是数据点在空间中的密度分布函数或者其他函数。

基于模型的聚类方法主要分为统计学方法和神经网络方法等。这种基于标准的统计数字自动决定聚类的数目，主要是考虑"噪声"数据或孤立点，从而产生健壮的聚类方法。目前基于统计学的聚类方法主要有 Fisher 提出的 COBWEB，Gernar 等人提出的 CLASSIT 以及 Cheeseman 和 Stucz 提出的 Auto Class。其中 COBWEB 是一种简单增量概念聚类算法，它采用启发式估算分类效用的形式创建层次聚类，分类树中每一个节点对应一个概念，包含该概念的一个概率描述，概括该节点的样本信息，该算法可以自动修正划分中类的数目，不需用户提供相应参数，其缺点聚类的概率分布表示使得更新和存储聚类代价较高。CLASSIT 对 COBWEB 进行扩展，用来处理连续性数据的增量聚类，该算法在每个节点中存储属性的连续正态分布的均值和标准差，其分类效用度量是连续属性上的积分，而不是在离散属性上求和，其缺点也是不适用于对大型数据库中的数据进行聚类。

Auto Class 是在工业界较为流行的聚类方法，它采用贝叶斯统计分析来估算结果簇的数目，系统通过搜索模型空间所有的分类可能性，自动确定分类类别的个数和模型描述的复杂性。神经网络的聚类方法主要包括竞争学习神经网络和自组织特征映射神经网络，该算法的缺点是处理时间较长，并且有较高的数据复杂性。所以，为了使神经网络聚类方法能够应用于大型数据库，还需要研究能够提高网络学习速度的学习算法，并增强网络的可理解性。实际应用中的聚类分析可能包含多种聚类算法，而不是单一的聚类算法。

二、数据分类与预测分析

（一）数据分类与预测的步骤

在数据挖掘过程中，分类与预测是最广泛使用的方法，也是研究得最多的方法，它可用于描述重要数据类型或预测未来数据的趋势。分类方法用于预测数据对象的离散类别；而预测则用于预测数据对象的连续取值，如可以构造一个分类模型来对银行贷款进行风险评估；也可建立一个预测模型。机器学习、专家系统、统计学和神经生物学等领域的研究人员已经提出了许多具体的分类预测方法。最初的数据挖掘方法大多都是在这些方法及基于内存基础上所构造的算法。而对于云数据中心来说，数据挖掘方法都要求具有处理大规模数据集合能力和可扩展能力。数据分类主要是通过分析训练数据样本，产生关于类别的精确描述。数据的分类和预测分析主要包括以下两个步骤。

1. 建立一个模型，描述给定的数据类集或概念集（简称训练集）

主要包括三个过程：①划分数据集。给定带有类标记的数据集，并将数据集划分为训练集和测试集。划分方法通常是从数据集中随机抽出 2/3

的作为训练数据样本，其余通常是从数据集中随机抽出 1/3 作为测试数据样本。②构造分类模型。利用给定的训练数据样本，通过分析每类样本的数据信息，从中找出分类的规律，建立判别公式或判别规则。由于给出了类标号属性，因此该步骤又称为有指导的学习。如果训练样本的类标号是未知的，则称为无指导的学习（聚类）。分类学习模型可用分类规则、决策树和数学公式等形式给出。③测试分类模型。利用测试集对分类模型进行性能的评估，即利用分类模型对每一测试样本进行分类，将分类得到的类标号与测试集中原始的类标号进行对比，从而达到对分类模型的正确率、错误率等性能进行评估。

2. 使用模型进行分类

如果认为第一步模型的准确率达到性能要求，就可以用它对类标号未知的数据元组或对象进行分类。

（二）数据分类与预测的方法

分类与预测方法从使用的主要技术上看，可以把分类方法归结为四种类型：基于距离的分类、决策树分类、贝叶斯分类和规则归纳等方法。

这里主要介绍决策树分类方法。

1. 基本思路

决策树又称为判定树，是运用于分类的一种树结构。其中的每个内部节点代表对某个属性的一次判定测试，每条边代表一个测试结果，叶节点代表某个类或者类的分布，最上面的节点是根节点。利用决策树进行分类的基本思路为：首先利用训练集建立并精化一棵决策树，即建立决策树模型。这个过程实际上是一个从数据中获取知识，进行机器学习的过程。然后利用生成完毕的决策树对输入数据进行分类。对输入的记录，从根节点依次测试记录的属性值，直到到达某个叶节点，从而找到该记录所在的类。决策树分类方法采用自顶向下的递归方式，在决策树的内部节点进行属性值的比较并根据不同的属性值判断从该节点向下的分枝，在决策树的叶节点得到结论。所以从决策树的根到叶节点的一条路径就对应着一条合取规则，整棵决策树就对应着一组析取表达式规则。

该算法的一个最大的优点就是它在学习过程中不需要使用者了解很多背景知识（也是它的缺点），只要训练样本能够用属性—结论式表示出来，就可以使用该算法来学习。利用决策树进行分类的关键是建立一棵精化的决策树。即不但要通过一个递归的过程建立一棵树，而且要通过剪枝来降低由于训练集存在噪声而产生的起伏。

2. ID3 算法

经典的决策树分类算法是 ID3 算法。由训练数据集中全体属性值生成的所有决策树的集合称为搜索空间，该搜索空间是针对某一特定问题而提出的。系统根据某个评价函数决定搜索空间中的哪一个决策树是"最好"的。评价函数一般依据分类的准确度和树的大小来决定决策树的质量。如果两棵决策树都能准确地在测试集进行分类，则选择较简单的那棵。相对而言，决策树越简单，则它对未知数据的预测性能越佳。寻找一棵"最好"的决策树是一个 NP 完全问题。

ID3 算法流程。ID3 使用一种自顶向下的方法在部分搜索空间创建决策树，同时保证找到一棵简单的决策树——可能不是最简单的。这个算法一定可以创建一棵基于训练数据集的正确的决策树，然而，这棵决策树不一定是简单的。显然，不同的属性选取顺序将生成不同的决策树。因此，适当地选取属性将生成一棵简单的决策树。在 ID3 算法中，采用了一种基于信息的启发式的方法来决定如何选取属性。启发式方法选取具有最高信息量的属性，也就是说，生成最少分支决策树的那个属性。

ID3 算法属性选择的度量方法。在属性列表中，需选择具有最高信息增益的属性作为决策节点，才能使得对结果划分中的样本分类所需要的信息量最小，并确保找到一棵简单的（但不一定是最简单的）决策树。利用香农信息论中给出的信息量和熵可以计算最高信息增益值。熵是一个衡量系统混乱程度的统计量，熵越大，表示系统越混乱。分类的目的是提取系统信息，使系统向更加有序、有规则组织的方向发展。所以自然而然的，最佳的分裂方案是使熵减少量最大的分裂方案。

（三）数据分类与预测的算法

分类与预测算法有许多，例如基于距离的分类算法有最邻近分类、K-最邻近分类，决策树分类算法有 ID3 算法、C4.5 算法、Hunt 算法、CART 算法、SLIQ 算法、SPRINT 算法等，贝叶斯分类算法有朴素贝叶斯分类、EM 分类，规则归纳的分类算法有 AQ 算法、CN2 算法、FOIL 算法等。这里简单地介绍几个分类算法。

1．K-最近邻分类算法

K-最近邻分类算法是一种典型的消极学习方法，即它并不主动对输入数据集构造归纳模型，而是在需要对未知实例进行分类的时候才去建模。本算法用距离来表征，距离越近，相似性越大，距离越远，相似性越小。即通过计算每个训练数据到待分类元组的距离，取和待分类元组距离最近的 K 个训练数据，K 个数据中哪个类别的训练数据占多数，则待分类元组就属于哪个类别。距离的计算方法有多种，最常用的是通过计算每个类的中心来完成。该类算法优点是简便、易算；缺点是太过于局限，不够准确。

2．C4.5 算法

C4.5 算法是 ID3 算法的扩展，它比 ID3 算法改进的部分是它能够处理连续型的属性。首先将连续型属性离散化，把连续型属性的值分成不同的区间，依据是比较各个属性 Gain 值的大小。C4.5 比 ID3 引入了新的方法，且增加了新的功能：利用信息增益比例计算 Gain 值；合并具有连续属性的值；可以处理具有缺少属性值的训练样本；通过使用不同的修剪技术以避免树的过度拟合；K 交叉验证；规则的产生方式等。

3．DB learn 算法

DB learn 算法是用域知识生成基于关系数据库的预定义子集的描述。本算法采用自底向上的搜索策略，使用以属性层次形式的域知识，同时该算法使用了关系代数。该算法的事务集是一个关系表，即一个具有若干个属性的 n 元组。本算法使用了两个基本的算子：一是"删除"，如果在关系表中有属性之间存在着关联关系，则删除直到只剩下彼此互不关联的属性，如年龄和出生年月这两个属性存在着年龄＝现在时间-出生年月的关联关系，因此必须删除其中一个属性，保留另一个属性；另一个是"一般化"，属性的值被一般化为层次在它之上的值从而生成规则。如就年龄这个属性而言，5 岁以下都可以一般化为幼年，5～12 岁可以一般化为童年等。

4．朴素贝叶斯网络算法

贝叶斯分类是结合了统计学和贝叶斯网络的分类方法，它基于如下假定：待考察的变量遵循某种概率分布，且可以根据这些概率及已观察到的数据进行推理，以做出最优决策。贝叶斯分类器可以发现变量间的潜在关系，预测类成员变量的可能性，即给定样本属于某个类的概率。对于大型的数据库，贝叶斯分类器表现出了较高的分类准确率和较快的速度。其特点是：能充分利用领域知识和其他先验信息，能够显式地计算假设概率，分类结果是领域知识与数据样本信息的综合体现；利用有向图的表示方式，用弧表示变量之间的依赖关系，用概率分布表示依赖关系的强弱。表示方法非常直观，有利于对领域知识的理解；一般情况下，所有的属性都参与分类，并在分类中潜在地起作用；能进行增量学习，数据样本都可以增量地提高或降低某种假设的估计概率，并且能够方便地处理完整数据；贝叶斯分类一般处理的是离散属性的对象。本算法的优点在于易于实现，多数情况下结果较满意；缺点在于假设属性间独立，丢失准确性。

5. AQ 算法

在数据挖掘中，规则一般是指 I/THEN 规则。IF 是数据中归纳出的条件，也称为规则的前件，由一个或一组条件的并组成；THEN 则是决策类，也称为规则的后件。规则根据其归纳方式的不同可以划分为分类规则和特征规则。分类规则描述了一类相对于另一类的区别，从归纳上它除要求能概括一类的特点之外，还要求别的类不具有这样的特点（尽量不覆盖反例），这种称为覆盖算法。特征规则仅是一个类别特点的总结，而无须其区分性。AQ 算法的基础是覆盖或者星算法：设有一个有两个决策类的数据集，其中一个决策类的数据称为正例集；另一个称为反例集。一个正例在反例集上的星是所有覆盖该正例而排除所有反例的规则前件的集合。带有决策属性的数据集的每一条记录都可以看成是一条分类规则，只不过这条分类规则的支持率非常低，从而使之适用范围极为有限，预测的能力非常低下。支持率表明了分类规则是否具有代表性。基于分类规则的方法，试图从数据中归纳出支持率较高、适用广泛的少数分类规则组成的集合。

第七章 云计算技术在各领域中的应用

第一节 基于云计算的电信领域应用

一、云计算在电信行业的优势

电信网络发展到今天，已经日益复杂和庞大，但电信网的建设模式却没有根本的变化，各个电信设备厂商根据业务需求设计自己的解决方案，采用专用的软硬件和管理系统，不同厂家设备之间通过标准协议互通。在这种模式下，形成了开放标准下封闭的产品体系。

随着电信网络的发展和社会环境的变化，这种模式的弊端日益显现。

（1）资源利用率低，建设成本高。无论是设备初始建设还是系统扩容，运营商都要根据预期的最大业务容量来进行规划。由于不同厂商的硬件设备不能共用，导致每一类设备都有相当大的冗余，设备和机房空间浪费严重。

（2）能耗居高不下，节能减排压力大。按传统电信设备的设计方式，无论电信业务量有多大，设备始终运行，导致其设备始终按最大容量耗电。

（3）维护复杂，升级扩容代价大。电信设备的升级扩容比较复杂，需要专业人员参与，也会对业务运行产生影响，而且厂商软硬件的差异，给设备维护带来了很大的工作量。

（4）新业务开发代价较大，业务创新困难。电信业务开发过程中需要考虑硬件开发、业务逻辑开发、协议互通、可靠性和扩展性，整个过程周期长、投入大。另外，电信网原有的一些成熟的业务能力不能复用，许多开发工作不得不重复进行，制约了业务创新的步伐。

近几年 Internet 发展十分迅猛，许多优秀的互联网企业在探索中逐渐找到自己的解决办法，这就是云计算。云计算在 Internet 的成功给电信领域带来了新的思路和机遇。云计算相对于传统的信息技术而言有灵活性以及虚拟性等诸多属性，这些特点在电信行业中拥有广泛的优势。

（一）超凡的计算能力

出众的计算能力是云计算一个非常鲜明的属性，这一特点也是它能够在通信行业展开运用的一个重要原因。随着近些年来计算机技术的发展及网络化步伐的加快，使用者对于通信及计算的需求水平有所提升，但是因为计算机本身的局限性使得这种需求不能够得到非常好的满足，进而导致网络通信业的发展也受到了一定的限制。云计算的出现就很好地解决了这个问题，因为其出众的计算能力，受到了用户的喜爱。但是计算能力的增强，主要还是因为它能够对众多的计算机建立一种连接，使其资源可以进行整合，进而进行统一的分配，在这种联合作用的支持下，才能够使得其计算量可以与超级计算机相媲美。

（二）可靠的信息存储

云计算相对于以往存储信息的渠道更加安全，为用户提供了一个非常可靠的信息存储系统，能够非常有效地对使用者的信息安全进行保护，为使用者免去了后顾之忧，使其不用再顾虑会出现计算机损坏或者出现病毒而导致整个信息丢失的状况。在云计算系统中，有着近乎苛刻的管理方案，这种权限管理可以使用户的信息资料的存储、查阅等都会拥有绝对的安全，同时，在信息的共享时都会面向指定的用户群体。因为云计算的重要基础就是虚拟化技术，网络服务器及一些基础的硬件设施都被虚拟化了。云计算运用这种虚拟化的技术又进一步地为信息的安全提供了一层保障，同时，这也为云计算的运用提供了一个优势。

（三）方便的信息共享

云计算在电信行业中的运用，可以在不同的设备之间非常轻松方便地就达到各种形式资源的共享。云计算模式下，使用者的各种信息资源都被存放在云计算之中，只要用户的终端设备可以和网络相连接，输入验证身份的账号、密码之后就能够对所存储的信息资源进行访问。在虚拟环境下的资源信息库中，使用者能够按照自己的要求把需要共享的信息传播出去。同时，云计算对资源的调配是自动的，这就使得整个系统能够处于非常高效的运转状态，并且当连接中的其中一台设备出现故障时，可以自动调整，让其他的计算机来接收服务，并且对这些数据进行备份处理，这样就能够保障用户的信息安全，不容易丢失。

（四）客户端要求低

在云计算中对使用者的客户端没有过高的要求，通常使用的移动终端都能够随时随地地接收、处理云计算的信息。同时，在客户端的浏览器中，使用者也能够对已经保存在云计算中的信息直接进行操作处理，而不需要安装额外的应用。随着我国移动终端设备的逐渐成熟完善，云计算的运用规模也不断扩大，并且相对应地也使得移动终端的功能进一步丰富。随着计算机技术的不断发展，云计算对服务终端变得不那么敏感，同时，接入云计算的接口也更加简单，在一些比较复杂的计算过程中，云计算能够在各种终端及浏览器中实现。

二、应用模式

云计算支持按需服务、广泛的网络接入、弹性资源池、快速响应和服务的可度量，符合电信网的需求，电信网采用云计算技术的动力。

云计算架构中有三种角色：服务提供者、服务开发者和服务消费者。电信网的主要角色是作为服务提供者为客户提供云计算服务。另外，服务开发者也是非常重要的角色，运营商本身、独立开发商和个人都可以成为服务开发者。

对于电信运营商来说，根据不同的目的和需求可以采用或组合云服务提供商的 IaaS、PaaS、SaaS 中不同的云计算服务类型。下面从三种服务类型的角度来讲述云计算在电信领域的应用模式。

（一）基础设施的云化改造

电信基础设施包括服务器、存储系统、网络设备等。基础设施云化改造就是通过云计算技术，将这些基础设施由独立的硬件设备转化为资源池，从而能够被多个上层业务共享，由统一的管理平台管理，这就是 IaaS 的概念。

将物理设备转化为资源池主要通过虚拟化技术，虚拟化技术对 CPU、内存、存储、网络带宽等物理资源进行统一管理，使资源能够按需分配到各个虚拟机上。每台虚拟机就像一台独立的物理服务器，操作系统和应用程序运行在虚拟机上，用户感知不到虚拟机与物理机的差别。据相关资料统计，采用虚拟化技术后，设备利用率能够从 10%提升到 40%～60%，总成本下降 52%，同时，系统故障率和维护时间也大大下降。成本下降主要来源于以下几个方面。

1. 资源利用率的提高使物理设备投资降低

原有电信网中每台设备都有固定用处，如数据库服务器就不能用于会话服务器，即使 CPU 利用率不到 10%，也只能空闲。采用虚拟化技术后，管理系统将多个虚拟机迁移到同一台物理上运行，资源利用率明显提高，物理服务器实际需求量就会减少。

2. 高效的资源调度使电力成本下降

由于虚拟机具有在线迁移能力，电信业务也有着明显的周期性，当业务量下降时，管理系统会将更多的虚拟机调度到一台物理机上运行，其他物理机可以停机以节省能耗。

3. 虚拟资源与物理设备隔离，使设备维护成本下降

资源池的维护管理要比管理各种不同的硬件设备简单得多，而且资源池的扩容和维护对业务也没有影响。电信网的云化改造收益明显，但改造的过程并不是简单地将应用迁移到云计算上。由于目前电信设备的整体架构还是比较封闭的系统，设备厂商提供的整套设备软硬件是不能分割的，设备无法共享，软件也不能迁移，这些条件都与云计算资源池的概念相悖。因此，电信基础设施的云化改造必将伴随着电信设备架构的变革。

为了适应基础设施的云化改造，电信系统的设计和部署将会有如下变化。

（1）软件的功能分配、主备关系不依赖于硬件设备。传统设备一般会确定每块处理板的功能、板卡之间的主备关系，甚至软件模块间通信也是以板卡位置为依据的。这些依赖于硬件的因素都必须改造，取代软件功能模块间的逻辑关系。

（2）系统的管理范围和方式发生变化。硬件资源将不再分别管理，而是由云计算平台统一管理。云计算平台会屏蔽某些物理设备的变化，如升级、扩容、故障切换等，在必要时，云计算平台会将资源池的事件上报给上层应用，上层应用会做出适当的响应。

（3）系统的部署方式发生变化。由过去安装、配置、调试和运行的过程，变成资源申请和虚拟机映像载入的过程。虚拟机映像是包含操作系统和已经安装调试好的应用软件的映像文件，能够直接在虚拟机中运行，省掉了复杂的中间过程。

（4）业务调度模式发生变化。业务量调度的模式不再由固定数量的处理板分担任务，实际承担任务的虚拟机个数可以动态变化，调度器可随时根据需要申请资源。电信基础设施的云化改造是一个渐进的过程，需要运营商和设备商通力合作，共同解决改造中的问题，逐步推进云计算的应用。

（二）利用云计算提供业务创新平台

对于业务创新平台，从智能网开始，电信领域就已经探索过多年，目前开发一个新业务依然比较困难。相对来说，Internet 业务的开发更简洁一些，有许多成熟的框架和工具，接口协议也比较灵活。云计算 PaaS 的概念则更进一步地将开发平台作为服务提供，开发人员只需购买相应的服务就可以进行业务开发和部署。Google 的 App Engine 是比较典型的 PaaS 平台，开发者可以用 Python 或 Java 语言开发 Web 应用，并直接部署在 App Engine 上，App Engine 能够支持自动扩展和负载均衡。因此，一个 Web 应用最复杂的部分由平台来解决，开发者只需按业务需求开发业务逻辑即可。

实际上，大多数电信业务本身逻辑并不复杂，难点主要是信令和协议的复杂性、高可用性和扩展性的处理，以及昂贵的部署平台等。而依照 PaaS 的观点，这些问题都应由云计算平台来解决，并以服务的形式提供给开发者。一种典型的 PaaS 架构的主要组成部分如下所示。

1. 基础服务

提供业务开发基本的支撑功能，如分布式数据库、分布式文件系统、分布式计算框架和分布式缓存等，这些服务具有专用的应用程序编程接口（API），开发者通过调用 API 来访问具体的功能。基础服务本身也提供高可用性和扩展性。

2. 业务支撑服务

提供业务相关的支撑功能，如用户管理、计费认证、日志功能、业务路由、策略控制等，这些服务提供了电信业务通用的功能模块。

3. 业务组件服务

提供基本的业务组件，如语音、会议、短信、彩信、位置等，Internet 业务也可以作为业务组件提供，如搜索、地图、社区等。这些组件通过开发语言编程进行组合生成新业务，业务相关的信令和协议都由 API 屏蔽，开发者完全可以不关心。

4．业务开发和运行环境

为开发者提供完整的业务开发环境，业务开发完成后可直接部署在平台上。开发者可免去购买硬件设备的费用，平台保证业务运行时有着充分的资源保障。

5．运营支撑和监控管理功能

提供对整个平台业务的运营支撑能力，也为开发者提供监控管理自身业务的能力。

在电信网中采用 PaaS 模式，使开发电信业务的入门成本大大降低，大量的开发人员可以进入电信业务的开发队伍中。Internet 业务的成果和创新能力也能融入平台中，使电信网络成为一个开放的和融合的网络。

（三）以 SaaS 的形式提供多样化服务

电信业务发展到现在，能选择的业务主要还是语音、视频、短信、彩信，以及一些衍生出来的业务。而技术的发展给电信业务提供了广阔的发展空间，从通信终端来看，电话机发展到智能手机，终端的能力有了质的提升，智能终端已经成为集通信、娱乐、办公于一体的设备。智能终端潜力的发挥需要网络的支持，借助 SaaS 的思想，电信网络就能够提供比传统电信业务更多样化的服务。

SaaS 模式提供的软件费用低、免维护，而且用户数据由平台保护，安全性也得到提高，是未来软件应用模式的一个发展方向。SaaS 平台与 PaaS 平台有着密切的关系，完善的 PaaS 平台能够吸引大量的开发人员参与 SaaS 软件的开发。只有软件丰富多彩了，才能推动电信多样化服务走向成熟。

第二节　基于云计算的医疗领域应用

一、医疗信息化建设

近年来，基于云计算的医疗信息系统得到了广泛的应用，其发展的动力已经从政策指引变成了市场带动，从技术指引转为应用导向，从单一的应用模式转为平台创建模式，用户可以在任何地点利用 Internet 客户端向医疗机构管理人员求助，而医疗服务体系中的管理人员马上就可以提供相应的服务，为医疗机构赢得巨大的经济效益。

在云医疗体系下，患者不需要排队等候急诊，工作人员可以利用网络与患者进行沟通和交流，并提供相应的服务，确保医疗体系高效展开。因此，为了保障患者得到更为贴心的服务，为了医患的关系更加和谐，并促进医疗机构的经济收益，医院必须依靠 Internet 技术，才能确保做好医疗信息化建设。

云计算在医疗信息化建设中的功能包括记下几个方面。

存储功能：医疗信息不只是提供一些药物方面的信息，而且还可以提供多年以来已经整理好的用户的信息。当用户越来越多时，他们需要存储和使用的虚拟资源就越来越多，特别是在资源更新换代的时期，用户需要去平台上接收最新的医疗信息。而云计算的存储功能可以大大地满足用户的需求。

管理功能：海量的医疗信息不但要存储起来，而且还需要进行智能化的分类和使用，云计算的数据管理功能就可以解决信息存储的安全问题，并针对不同的科室进行分门别类。云医疗可以针对数据进行整理、处理和分析，按照不同的种类把医疗信息进行分类和归档，而且还可以创立搜索引擎，输入关键字，就可以马上找到需要用到的患者信息，可以确保医疗行业的工作有序、规范进行，极大地提高医疗行业的管理水平，与此同时，还可以节省大量的人力、物力和财力。

开发功能：现代网络购物已经成为人们最为常见的一种生活状态，云医疗可以实现 24 小时在线服务，而且突破地域的限制，为全网的所有用户提供方便快捷的医疗服务。云医疗的运营模式可以让不想去实体药店买药、不想去医院诊疗的客户，直接利用远程服务，只要客户需要，打开手机或者电脑，输入关键信息，就可以马上获得医院或药店提供的实时服务。所以，在 Internet 上，此类型的客户必然会越来越多，云医疗行业所要服务的对象也会越来越多，而客户资源也会得到极大的开发。

从整体来看，云计算领域还不是很成熟，云计算的标准也不是很完善，在医疗卫生建设中，基于云计算的医疗信息化建设不管是从应用角度上，还是从技术角度上来看，都关联到很多复杂的生态系统环节。例如，卫生局、运营商、医院、专业协会、硬件供应商、医疗设施供应商、开发商和服务咨询商等，各个方面都需要积极配合，才能保证这个系统有序运行。针对这些问题，有以下几点应对措施。

（一）确定医疗行业的标准

把云和云连接起来，尤其是把公有云和私有云连接起来，这必须确定一个行业标准，而且在云计算的每一个层次都要确定好一个行之有效的标准。另外，对于医疗机构中的服务流程和业务流程也要确定一个标准，而标准的制定者必须是云计算相关专家、网络运营商和医疗机构的管理层。

（二）政策支持

政府应该针对云计算和医疗行业中的领头羊加以重点扶持，尽快成立一个卫生云和医疗云的基础工程，深入推动医疗的改革，促进云计算的发展，鼓励医疗机构与云服务供应商密切合作，积极推动医疗信息化建设。

（三）制定相关法律

政府应尽快为医疗行业和Internet行业，就云计算的应用颁布相关法律，让卫生云和医疗云的商业活动做到有法可依。法律应该有针对性地规定云服务供应商必须遵纪守法、维护用户的隐私权，国家应该强化其监管机制的功能，对于网络犯罪要严厉打击，确保网络的安全问题没有漏洞。

（四）采用技术外包策略

在医疗机构自身承担不起医疗信息化建设的具体情况下，把云技术外包出去是一个不错的选择，这样可以降低内部 IT 员工的压力，可以缩短医疗信息化建设的时间，但采用这种方式，需要做好足够的防范措施，防止外包技术的诚信风险。

二、医疗数据处理

随着大数据在医疗与生命科学研究过程中的广泛应用和不断扩展，其数量之大和种类之多令人难以置信。例如，一个 CT 图像含有大约 150MB 的数据，而一个基因组序列文件大小约为 750MB，一个标准的病理图接近 5GB。如果将这些数据量乘以人口数量和平均寿命，仅一个社区医院或一个中等规模制药企业就可以生成和累积达数 TB 甚至数 PB 级的结构化和非结构化数据。区域医疗信息系统中的医疗数据是典型的大数据，符合大数据的"4V"（Volume、Velocity、Variety、Value）特征。

（一）更大的容量

区域医疗数据通常来自拥有上百万人口和上百家医疗机构的区域，并且数据量持续增长。按照医疗行业的相关规定，一个患者的数据通常需要保留 50 年以上。

（二）更快的生成速度

医疗信息服务中可能包含大量在线或实时数据分析处理的需求。例如，临床决策支持中的诊断和用药建议、流行病分析报表生成、健康指标预警等。

（三）更高的多样性

医疗数据通常会包含各种结构化数据表、非（半）结构化文本文档（XML 和叙述文本）、医疗影像等多种多样的数据存储形式。

（四）更多的价值

医疗数据的价值不必多说，它不仅与我们个人生活息息相关，更可用于国家乃至全球的疾病防控、新药研发和顽疾攻克。

大数据分析技术将使临床决策支持系统更智能，这得益于对非结构化数据分析能力的日益加强。例如，可以使用图像分析和识别技术识别医疗影像数据，或者挖掘医疗文献数据建立医疗专家数据库，从而给医生提出诊疗建议。此外，临床决策支持系统还可以使医疗流程中大部分的工作流向护理人员和助理医生，使医生从耗时过长的简单咨询工作中解脱出来，从而提高诊疗效率。

根据医疗服务提供方设置的操作和绩效数据集，可以进行数据分析并创建可视化的流程图和仪表盘，促进信息透明。流程图的目标是识别和分析临床变异和医疗废物的来源，然后优化流程。仅仅发布成本、质量和绩效数据，即使没有与之相应的物质奖励，往往也可以促进绩效的提高，使医疗服务机构提供更好的服务，从而更有竞争力。公开发布医疗质量和绩效数据还可以帮助病人做出更明智的健康护理选择，这也将帮助医疗服务提供方提高总体绩效，从而更具竞争力。

医学图像（如 CT、MRI、PET 等）是利用人体内不同器官和组织对 X 射线、超声波、光线等的散射、透射、反射和吸收的不同特性而形成的。

它为人体骨骼、内脏器官疾病和损伤的诊断、定位提供了有效的手段，医学领域中越来越多地使用图像作为疾病诊断的工具。

随着人类基因组计划的开展产生了巨量的基因组信息，区分 DNA 序列上的外显子和内含子成为基因工程中对基因进行识别和鉴定的关键环节之一。使用有效的数据挖掘方法从大量的生物数据中挖掘有价值的知识，提供决策支持。目前已有大量研究者努力对 DNA 数据分析进行定量研究，从已经存在的基因数据库中得到导致各种疾病的特定基因序列模式。

大数据挖掘可以改善公众健康监控。公共卫生部门可以通过覆盖全国的患者电子病历数据库快速检测传染病，进行全面的疫情监测，并通过集成疾病监测和响应程序快速进行响应。这将带来很多好处，包括医疗索赔支出减少，传染病感染率降低，卫生部门可以更快地检测出新的传染病和疫情等。通过提供准确和及时的公众健康咨询，可大幅提高公众健康风险意识，同时也将降低传染病感染风险。

基于云计算的智慧医疗通过打造以电子健康档案为中心的区域医疗信息平台，实现患者与医务人员、医疗机构、医疗设备之间的互动。智慧医疗将打破传统的医学思维方式，改变医疗服务繁杂的现状，确立以患者为核心的医疗服务方式，规范、简化医疗环节。智慧医疗可以整合现有医疗机构的设施，形成统一的"医疗云"，并收集医疗机构的号源统一存储在"云端"，使公众可以通过网络、电话、移动终端 APP 等各种渠道进行预约挂号，解决"一号难求"的问题；公众可按预约的时间前往医院就医，免去了医院排队的时间；智慧医疗还可以推出"健康卡"，市民通过"健康卡"进行自助挂号、自助缴费、自助打印检查结果等自助操作，市民更可以通过"健康卡"进行诊间缴费，在医生开出检查单的同时就可完成缴费，之后患者便可直接去做检查或者拿药，可极大地优化就医流程，提高医疗行业的效率；远程医疗可使病人在普通医院享受到大医院专家医生的诊疗服务。

第三节　基于云计算的政务领域应用

我们生活在一个电子商务急速发展的时代，几乎所有的事情都可以通过网络的经济行为完成，这种发生在互联网、辐射到社会生活的电子交易方式活跃了新一轮的商业浪潮，也带来了新的商业变革。电子商务的自由度和灵活度是线下消费难以比拟的，对于网络安全度和性能的要求也随之提高。在这种背景下，云计算让更多消费者和商家得以享受到更大规模、安全性更高的电子商务消费，这种大数据、大虚拟和高安全的处理方式很快从一场概念炒作转换为了时间模式，促使电子商务进一步革新。

一、电子商务相关理论

（一）电子商务的概念

电子商务顾名思义就是指在和传统形式完全不一样的以电子化手段从事的商业活动。对电子商务概念的定义，很多电子商务国际组织和研讨小组都有着不同的理解。不同的定义有千百种，但其中比较权威的定义是经济合作与发展组织（Organization for Economic Cooperation and Development, OECD）给出的定义：电子商务是指利用电子化手段从事的商业活动，它基于电子处理和信息技术，如文本、声音和图像等数据传输。主要是遵循TCP/IP 协议，通信传输标准，遵循 WEB 信息交换标准，提供安全保密技术。如果给出一个更简单系统的定义，电子商务是指系统化地利用电子工具，高效率、低成本地从事以商品交换为中心的各种活动的全过程。

（二）电子商务的新特点

电子商务从 20 世纪末在我国逐渐流行，从最初的线下交易性质较强的选择—汇款—发货—收获模式逐渐转化到了现在流行的 B2C、C2C 模式等，而在 21 世纪第一个十年里，云计算又成功应用于电子商务，这也为电子商务的发展带来了新的特色。基于技术和服务的云计算具有大数据、虚拟性、安全性等特点，它也影响到了电子商务。首先，电子商务变得更加灵活自由，从最初的媒体端到流行的 PC 端（用户电脑），电子商务又与移动互联网结合，走向了手机应用端口，更大更全面的虚拟化平台方便了实物贸易。其次，电子商务变得更加开放，云计算提供的大数据更进一步打破了地域限制，除了全国性的贸易之外，跨区域的、全球的商贸也逐渐兴起；效率更高，运营成本降低，更多的中小型企业和个人用户可以利用这一便利开设自己的电子商务网店，在激烈的竞争和网络环境下，服务态度和产品质量都得到了有效地提高。总而言之，云计算为电子商务的发展提供了保障。

（三）电子商务的模式

电子商务的模式按照理论一般是可以分为以下三种。

1. 企业间电子商务（B2B）

企业间的电子商务顾名思义就是在公司和公司之间发生的电子商务的交易。大部分的大宗电子商务交易都是企业间产生的，因此企业间的电子商务活动被认为是最频繁的。虽然当前的 B2C 模式，企业向客户直接提供销售的模式发展很迅猛，但是根据数据来看，预计企业间的商务活动仍将以三倍于 B2C 模式的速度发展。现实也证明了这一点，企业间电子商务活动产生的金额依然保持着绝对第一。

2. 企业与消费者间电子商务（B2C）

企业与消费者之间的电子商务是最流行的交易模式。它使企业可以直接面对客户进行销售活动，摒弃了中间的代理商和总包商，加快了交易处理速度，节省了中间人成本。而这种模式的典范就是阿里巴巴。我们不得不承认，此模式已经得到了人们的认可，发展速度迅猛。

3. 消费者之间电子商务（C2C）

消费者之间的电子商务模式其实就是一个新的平台模式。买卖双方都是消费者，卖方为了能够卖出自己的商品，一定需要一个在线的交易平台提供给买方。而买方也需要这样一个来获得需要商品的信息。淘宝、ebay就是提供这样平台的最著名的企业。

二、传统电子商务的瓶颈与云计算下电子商务模式的创新

（一）电子商务的现状与瓶颈

电子商务在我国已经发展十几年了，十几年中，一个新的行业方向从稚嫩走向成熟，目前它面临着发展的关键点，也遇到了一些瓶颈，归结起来，这些问题可以总结为以下三方面：首先是直接的人才瓶颈期，在我国，电子商务的迅速发展吸引了大批人才和高校开设相关专业，但是传统的知识无法面临着迅速变化的时代环境，而业务的迅速拓宽也告诉我们必须有更加综合的知识才能应对挑战。其次，电子商务的运作方在长期的价格拉

锯战和宣传站中早已累积了一个致命的问题，那便是成本瓶颈，依靠高投入的方法来提高效益已经不能再走下去。最后，对于移动终端的开发不够，移动互联网上的电子商务虽已逐渐发展，支付方式也更加快捷，但是目前亟待出现一种更加完整的、协同效率更高的运作模式。

（二）云计算环境下电子商务的创新模式

云计算的出现从很大程度上给了这些问题解决的方法或解决的可能，首先，从服务上看，云计算提供给终端的客户更多的硬件、软件和数据基础，从而便于他们提供更加便利的"定制服务"，根据客户的需要更加灵活调整自己的经营策略，而传统的大宗的消费如水电缴费、话费充值等也不必再用更多的处理器去按量付费，这样的创新节约了商家的服务成本。

除了服务成本的降低，云计算还改变了外包服务与电子运营的关系，加速了二者的融合。云计算作为外包服务商，而电子商务作为外包服务的客户，通过销售来将云计算提供的便利据用户的需求对其进行客制化，提供给终端的用户，实现企业的目标，这就意味着服务模式更加专业化，毕竟外包公司——云计算平台是专业的、专项的服务提供者。云计算的出现深刻影响着电子商务的发展，潜移默化中，我们已经发现了电子商务的巨大变革，可以预计，在不久的将来，"云计算"将会为行业带来更为宝贵的财富。

（三）云计算在电子商务行业的应用

云计算在电子商务行业的应用和实施是在模式建立之后更为关键的一步。在电子商务行业中，如何利用云计算解决电子商务行业的发展瓶颈，更好地为企业创造价值是一个实践性的应用难题。电子商务企业核心服务对象是客户，核心竞争力是想方设法把价值通过不同渠道传递给客户。而价值可以通过许多表现形式传递。

1. 利用云计算基础设施为电子商务行业提供数据存储服务

云计算共享的基础设施包括了大型服务器集群，这些集群由云计算提供商来维护。电子商务企业使用这些基础设施所提供的计算能力、存储能力以及应用能力，来提供业务的运行需要，也摆脱了峰值问题。因为应用程序是在云中，而不是在企业内部的计算机上运行，而云提供了几乎无限的存储容量和处理能力，所以企业不会对资源瓶颈再有忧虑，也不用担心需要投入大量资金来购买高性能的设备，来搭建先进的数据处理和存储服务平台满足业务需求。

就安全性来说，数据集中存储在云中，更容易实现全面的安全监控。而云计算基础设施是保证监控数据，控制安全，更改安全，物理安全等的应用实现。

2．利用云计算平台为电子商务行业提供信息共享和业务协作

云计算平台可以提供资源信息整合共享，随需应变的业务协作和扩展给电子商务企业使用。信息共享和业务协作是电子商务企业最重要的中间环节。云计算平台如何帮助电子商务企业优化和改良信息共享和业务协作，是电子商务企业最为关心的问题。云计算的资源高度灵活性可以轻松实现电子商务企业和外部供应商、客户、政府机构之间或者企业内部之间的信息共享和业务协作。在世界上不同国家和城市的员工，可以通过云平台，随时随地查看文件、数据和订单。当有任何更新和改变时，所有的成员都可以收到即时更新的信息。没有了地域的藩篱和时区的限制，员工之间的协助会更加紧密、有效率；而电子商务企业和外部供应商、客户、政府机构的沟通依靠无所不在的云，提供对业务的响应速度，提升了业务扩展性，并能传递价值给到外部供应商、客户、政府机构。这是基础云服务层在电子商务行业的应用目的。依靠云平台层开发的不同模块，移动电子商务也不再是梦想。所有的信息都在移动中传递，所有订单在移动中完成，这才是云计算在电子商务行业的应用。

3．利用云计算软件为电子商务行业扩展业务和客户群

电子商务行业随着技术的变革，业务的多样性和复杂度也大大提升。客户群遍布全国乃至全世界。所有的信息都存储在软件、电脑、服务器、数据库中，它们虽然只是信息，但是信息最有价值的部门就是数据。大数据时代，电子商务行业就是与数据处理和数据挖掘结合在一起的行业。云计算软件提供了大数据整合和挖掘的功能，针对企业来说，就是提供商业智能，帮助企业决策人分析数据来做出敏捷的决定。通过云计算基础设施提供的数据存储服务，云平台构建的信息共享和业务协作平台，企业应用云层才能扩展电子商务行业业务，分析潜在客户群和客户购买规律，乃至预测更多的购买行为和喜好。应用云中的软件利用分布式的方法来进行后台的数据处理。企业应用云是云计算在电子商务行业最高层次的应用实现。

　　当然，不管是哪一家电子商务企业在考虑导入和应用云计算的时候，肯定要做需求分析和安全考量。通过对自己企业的角色定位，企业可以较为清晰地认清自己应该采用云计算哪个层次，云计算的哪个部署类型。不仅从技术上，更要从商务上列出自己的需求，并度量自己对云计算的接受度。

参 考 文 献

[1] 陈伟伟．云计算[M]．天津：天津科学技术出版社，2019．07．

[2] 陈潇潇，王鹏，徐丹丽．云计算与数据的应用[M]．延吉：延边大学出版社，2018．10．

[3] 邓毅．计算机网络技术与云计算理论研究[M]．文化发展出版社，2019．09．

[4] 董良，何为凯，赵儒林．云计算技术与实现[M]．东营：中国石油大学出版社，2021．

[5] 郝峻晟．漫谈云上管理·云计算商业模式与数字化转型[M]．北京：机械工业出版社，2022．08．

[6] 何宝宏，黄伟．云计算与信息安全通识[M]．北京：机械工业出版社，2020．06．

[7] 何仕轩，赵静，原锦明．云计算基础[M]．上海：上海交通大学出版社，2020．11．

[8] 胡伦，袁景凌．面向数字传播的云计算理论与技术[M]．武汉：武汉大学出版社，2022．09．

[9] 黄风华，潘军，石卉．云计算技术与应用[M]．哈尔滨：东北林业大学出版社，2020．03．

[10] 黄勤龙，杨义先．云计算数据安全[M]．北京：北京邮电大学出版社，2018．01．

[11] 李强．云计算及其应用[M]．武汉：武汉大学出版社，2018．04．

[12] 李玉萍．云计算与大数据应用研究[M]．成都：电子科技大学出版社，2019．04．

[13] 李兆延，罗智，易明升．云计算导论[M]．北京：航空工业出版社，2020．08．

[14] 梁凡．云计算中的大数据技术与应用[M]．长春：吉林大学出版社，2018．06．

[15] 刘甫迎，杨明广．云计算原理与技术[M]．北京：北京理工大学出版社，2022．02．

[16] 刘静．云计算与物联网技术[M]．延吉：延边大学出版社，2018．07．

[17] 马睿，苏鹏，周翀. 大话云计算[M]. 北京：机械工业出版社，2020. 11.

[18] 苗春雨，杜廷龙，孙伟峰. 云计算安全·关键技术、原理及应用[M]. 北京：机械工业出版社，2022. 04.

[19] 缪向辉. 云计算管理关键技术及信息安全风险探究[M]. 哈尔滨东北林业大学出版社，2022. 03.

[20] 裴向东，王升辉，郭卫卫. 云计算[M]. 西安：西北工业大学出版社，2020. 04.

[21] 彭俊杰. 云计算节能与资源调度[M]. 上海：上海科学普及出版社，2019. 11.

[22] 任涛，刘莹，张莉. 云计算技术与应用[M]. 沈阳：东北大学出版社，2020. 12.

[23] 时瑞鹏. 云计算基础与应用[M]. 北京：北京邮电大学出版社，2022. 01.

[24] 宋志峰，聂磊，罗洁晴. 网络信息安全与云计算[M]. 北京：北京工业大学出版社，2021. 04.

[25] 苏琳，胡洋，金蓉. 云计算导论[M]. 北京：中国铁道出版社，2020. 12.

[26] 汤兵勇，徐亭，章瑞. 云图·云途·云计算技术演进及应用[M]. 北京：机械工业出版社，2021. 09.

[27] 王庆喜，陈小明，王丁磊. 云计算导论[M]. 北京：中国铁道出版社，2018. 02.

[28] 谢丽华，丁小娜，杨杨. 云计算架构与服务模式[M]. 北京：北京工业大学出版社，2019. 10.

[29] 徐涛，孟祥和，何向真. 云计算安全技术[M]. 成都：电子科技大学出版社，2019. 06.

[30] 许豪. 云计算导论[M]. 西安：西安电子科技大学出版社，2021. 12.

[31] 薛飞，张镭镭. 云计算数据中心规划与设计[M]. 北京：北京理工大学出版社，2021. 09.

[32] 闫岩. 数据分析与云计算技术研究[M]. 延吉：延边大学出版社，2019. 07.

[33] 张翀，封孝生，陈晓莹. 云计算环境中的时空查询技术[M]. 长沙：国防科技大学出版社，2018. 06.

[34] 张捷，赵宝，杨昌尧. 云计算与大数据技术应用[M]. 哈尔滨：哈尔滨工程大学出版社，2021. 05.

[35] 张世海，韩义波. 云计算虚拟化技术基础与实践[M]. 西安：西安电子科学技术大学出版社，2022. 02.

[36] 张志. 云计算与物联网关键技术研究及应用[M]. 长春：吉林大学出版社，2018. 12.

[37] 章瑞编，李琪总. 云计算[M]. 重庆：重庆大学出版社，2019. 01.